潮湿建筑：问题成因与治理对策

［英］乔纳森·赫特里德　著

雷祖康　周　乐　译

中国建筑工业出版社

著作权合同登记图字：01-2013-0938号

图书在版编目（CIP）数据

潮湿建筑：问题成因与治理对策/（英）赫特里德著；雷祖康，
周乐译. —北京：中国建筑工业出版社，2014.12
ISBN 978-7-112-17778-3

Ⅰ.①潮… Ⅱ.①赫… ②雷… ③周… Ⅲ.①潮湿-气候条件-
建筑工程-工程施工 Ⅳ.①TU744

中国版本图书馆CIP数据核字（2015）第032743号

First Published in Great Britain as
The Damp House
By The Crowood Press Ltd, Ramsbury, Wiltshire SN8 2HR, UK
© Jonathan Hetreed, 2008
All rights reserved.

本书由英国Crowood出版社授权翻译出版

责任编辑：程素荣 张鹏伟
责任设计：董建平
责任校对：李美娜 陈晶晶

潮湿建筑：问题成因与治理对策
[英] 乔纳森·赫特里德 著
雷祖康 周 乐 译

*

中国建筑工业出版社出版、发行（北京西郊百万庄）
各地新华书店、建筑书店经销
北京永峥有限责任公司制版
北京君升印刷有限公司印刷

*

开本：787×1092毫米 1/16 印张：9¼ 字数：204千字
2015年6月第一版 2015年6月第一次印刷
定价：**35.00**元

ISBN 978-7-112-17778-3
(27051)

目　录

前言与致谢

潮湿是日常生活中常见的状态，没有它我们所处的世界将会面临着干枯死亡。像野草这种常见的美丽植物，也能简单地生长在贫瘠的场所，当潮湿侵犯我们生活的室内环境且持续地存在、扩散与危害建筑材料、家具与物品时，它就变成了敌人。常见的是，它促成霉菌生长、危害我们的健康，除此之外也会促进建筑构造内的真菌生长与材料腐朽。潮湿可作为在进行房地产交易时，专业鉴定人员度量评价的参考问题之一，治理根除后也可作为承购者获得银行抵押贷款的一种条件。

如今有种可向屋主提供"潮湿治理"的产业正蓬勃地发展。有许多策略虽然看起来具有保证，但由于可持续的时间未必长久，最终潮湿仍会困扰着所处的居住环境。这些专业承包商通常仅聚焦单一的治理方法，而非全面的诊断。本书的目的是向读者们阐明潮湿问题的类型与成因，以及介绍一些治理潮湿问题的对策。

在这个世界上并没有哪两个居住环境是相同的，因此没有哪本书能够提供问题的所有解答，也无法提供可全面替代已存在的经验、专业化诊断与对策的建议。本书仅能针对潮湿病理症状、潮湿问题的成因与机理、抵御潮湿问题的做法进行清晰地描述解释，协助读者们认识与解答简单的问题，以及评判由专家们所提供的各项问题对应建议。

致谢

在持续不断地学习建筑经验的生涯中，我要感谢很多人：

Timsbury 文物保护公司的 Clive Gaynard，

过去的 27 年教授给我很多关于潮湿治理的实务经验策略，比其他任何人都多，他总是那么诚实又机智风趣，使得我即使在他面临严峻的考验时，始终对他保持信任！

我过去在 Feilden Clegg 的同事们与现今在 Hetreed Ross 的同事们，均是众多的专业技术、质量控制与文物保护专家，他们都非常无私地贡献宝贵经验，成为本书珍贵的资料。

在我研究问题过程中所采用已出版的材料，也列在本书末的延伸阅读书目中，其中英国建筑研究所提供了许多理论与实务的无价材料。

本书中的材料与照片，均由许多单位提供。我尤其要感谢：Wraxall 营造公司、巴斯与东北 Somerset 建筑质量控制公司、Aaron 屋顶修缮公司、乳香树脂沥青工程公司、Peter Cox 不动产开发公司、木料腐朽治理公司、Permagard 供货商、科茨沃尔德防护工程公司、Leo 木材供应商、Roofkrete 专业维修屋顶公司、Gledhill 水槽公司、Hepworth 建筑营造公司、Passivent 与 Wessex 水资源公司。

感谢 Crosswood 出版社无时不刻地言语提醒、容忍与关怀同情。我要感谢舍拉、丽莎与凯莉，在撰写这本书时不断地指点我常疏忽之处。

献辞

献给我的父亲比尔·赫特里德博士，他毕生热衷于在处理问题时将理论与实践相互结合，这精神也影响我未来从事建筑师这项工作时的态度，以及让我能成为乐于享受建造过程的人。

第1章

用语定义与诊断概念

通常较难诊断形成潮湿的原因，虽然它的表面症状十分地明显，但有时有些问题会潜藏存在，会因其他因素而作用。疏于维护管理的建筑物往往会在诸多部位出现潮湿痕迹，但在治理潮湿时常会因错误或不熟练的操作，而导致失败、甚至产生更糟的结果，这也就导致病症被隐藏而难以诊断。因此，在讨论诊断的细节之前，我们有必要明确地认识与澄清用语定义。

吸附型潮湿

这是一种典型的潮湿类型，一般多数人想到的建筑潮湿就是它。这类潮湿的水分是由毛细作用（capillary action），从地下吸附至多孔墙构造内，就如同油灯中的灯油吸附在灯芯的原理一般，因此可将建筑墙体比喻为"灯芯"，地下水分比喻为"灯油"。典型的可见特征是潮湿污染或腐朽所产生的"潮湿印痕"，常遍布在外墙底部与地面邻接高度1米的部位。

渗漏型潮湿

这类潮湿的水分来源——通常是雨水，有时为洪水，它借由风力或重力作用从室外渗漏引入室内。渗漏部位为"外围护结构"或由许多部位所组成的建筑外表皮，比如屋顶、墙壁、门窗与烟囱等，这些部位均由不同的构件所组成（例如：屋瓦、石板瓦、遮雨板、盖板与屋脊等），这些构件可各自发挥作用抵御室外天气。因此，当一个构件损坏、质变或位移，皆会导致部分或全面的潮湿渗漏。不过，在现代的多层复杂构造中，这些症状就不见得会如期出现。

渗漏型潮湿的可见特征类似于吸附型潮湿，但它有更多的潮湿来源，而会在建筑物内形成不同的特征，例如：受风墙面通常是干燥的，但墙面若充分地暴露在强风吹来的瓢泼暴雨下，也将会受到严重的影响。具体地说，较差的情况是处在外墙顶侧的散布状垂直潮湿痕迹，这些是由于屋顶排水管破裂与檐口损坏而造成。

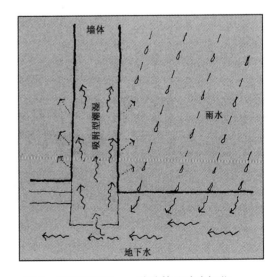

图1　吸附型潮湿——将墙体比喻为灯芯

5

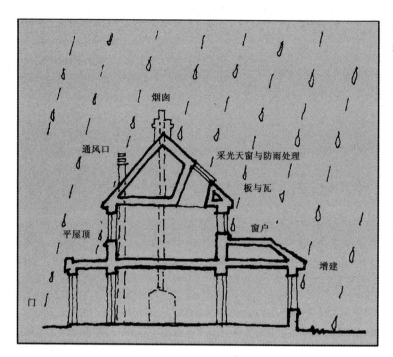

图2 渗漏型潮湿——每一个室外构件都是脆弱的

构造内的潮湿

在英国的多数建筑在新建与改建时会采用含湿材料与湿式施工法，主要是混凝土与砌体构造的粘接与粉刷装饰。对于1幢砌体构造的典型半独立式住宅而言，构造内大约会含有8吨或8000升的水。虽然大约有一半的内含水会在房屋建造后随着时间的流逝而逐渐蒸发，但自然干燥的过程也会因为潮湿的天气或低质量的建造管理而导致建筑内部的潮湿加剧，这状态可能会延长6个月甚至更久。同样的状况也会随着建筑的扩建、改建与增建而带来，即使作业规模再小也还是会有的。

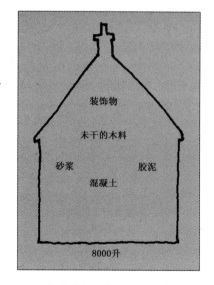

图3 构造内的潮湿——在一幢3居室的砌体建筑内部会含有8吨的水

虽然有许多妙招可让建造过程加速，使方案尽快地完工，但自然干燥的过程并不会因此而加速。当没有充足的时间可进行自然干燥时，有一种被认可的方法，即为在"良好干燥条件"（即空气干燥与些许通风）的月份，能容许每25毫米（1英寸）的"湿式施工"，就像是灌注混凝土楼板一样。若不这样限制，潮湿症状就可能会产生，而造成严重的缺陷。如此也会缩短构造寿命，而造成构造装饰物的局部裂损。比如：当材料内部的盐分释出至表面时，材料表面就需要进行局部处理（详见下文）。针对构造内处理潮湿水分最有效的思路为结合新式（湿式）作业方式与缩短作业超时。

冷凝结露

这是潮湿问题中最复杂的问题，因它较难诊断，有时会生成像是处在建筑结构层间的"层间缝隙结露"。这问题对于使用者而言通常难以察觉，但它很容易引发像是木料腐朽的问题。

简单地说，当温热潮湿的空气（热湿蒸气）接触寒冷的材料表面时，就会出现冷凝结露现象。举个常见的示例，就是发生蒸汽淋浴间窗户内侧的玻璃面上，附近空气内的水分会因温差而凝结成小水滴。这状况大多数会发生在冬季，发生在密闭不通风且保温性能较差的外墙、窗户等的建筑物内；也可能会发生在夏季，发生在室内墙面或烟囱底部冷热面的交接处。人们的日常生活会普遍地影响着结露的生成，比如：当烹饪与洗涤时须注意控制环境通风与潮湿来源。

冷凝结露所产生的信号，少则为窗户上的露珠，多则为墙面或顶棚处所产生的灰色或黑色霉斑，特别是发生在空气不流通处，比如：在角隅或空间凹陷不通风处、门窗框周围低温处或无保温处理的屋顶等。

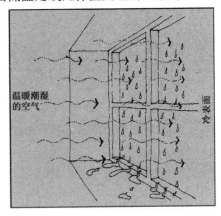

图 4　结露——当热湿空气遇到寒冷表面时就会发生

管道与设备的漏泄

在外墙的"建筑围护结构"内部设置给排水管明显地可提高居住使用的便利性与舒适性，不过这些"管道设备"在使用时会带来老化失效的风险，常见为管道或储水槽的渗漏——同时造成潮湿。不论在地上或地下，外部泄露的管道与排水设备，均会成为产生渗漏或吸附型潮湿的来源。泄漏的水管特别麻烦；管道中有持续的流水，不同于降雨或排水是间歇性的。此外，有些日常生活中的用水设备，主要为洗衣机和洗碗机等，它们的使用寿命较管道还短，即使产生些微的裂损（如密封处的破裂），也会造成内部的淹水，如果没有察觉而任其发展，造成的后果将会特别严重。对于多数我们使用的"洁卫器具"，如浴盆、面盆、水槽、淋浴池与洗面台等，它们可以持久使用，但是细微的裂缝也可能在长时间内无法被察觉出来，特别是淋浴隔屏与隔间托盘。当使用"喷洒淋浴"时，淋浴洒水常会造成饰面材料与密封处老化变形，从而导致聚潮——它的根本问题常隐藏在楼板结构内。

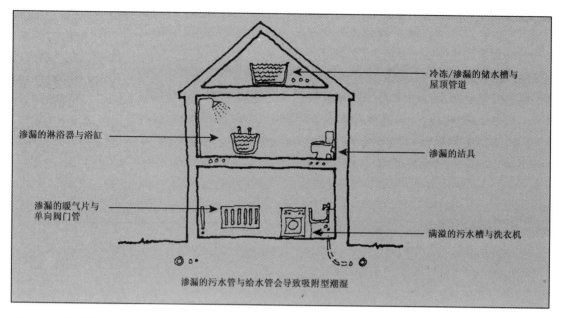

冷冻/渗漏的储水槽与屋顶管道

渗漏的淋浴器与浴缸

渗漏的洁具

渗漏的暖气片与单向阀门管

满溢的污水槽与洗衣机

渗漏的污水管与给水管会导致吸附型潮湿

图 5　破裂渗漏的管道与设备

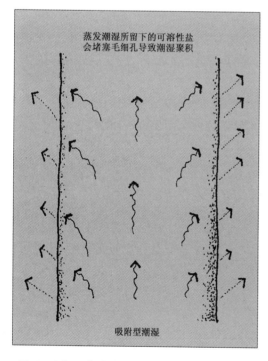

蒸发潮湿所留下的可溶性盐会堵塞毛细孔导致潮湿聚积

吸附型潮湿

图 6　由潮湿水分蒸发所产生的盐污染

盐污染

　　不论潮湿水分是从降雨、吸附型潮湿或任何其他的来源而来，随着它在墙体内的迁移，会从墙内向墙外渗透蒸发，就会有越来越多的矿物盐向外释出聚集在墙面。有些盐分会在墙表面形成细微的结晶，其中有些具有吸湿性，即是指它会从空气中吸收潮气，这会延长潮湿的效应，即使原本的潮气已经蒸发干燥。基于这个原因，当在设置防潮层后还需要利用长时间来进行潮湿墙体的干燥，防潮专家坚持认为应当移除且不应当使用有问题的胶泥材料（通常是已受到盐污染的），且将制定使用专业排盐的抹灰胶泥成为规范的一部分。

防潮层（DPCs）

　　当你在一般聚乙烯胶带的标签中发现这个专业术语时，可能会产生些许混淆——怎么会是"层"呢？这个意思是可从字面理解的。19 世纪末首度出现防潮层的概念，并在 1875 年的公共健康法案中规定，新建住宅时必须强制使用防潮层。确切地说，防潮层是由单层或数层不透水的砖或石板所构成，由于石板较易破裂，因此它不比砖层稳妥。任何单层材料设在节点交接处时是最脆弱的，硬质砂浆是少数可信赖的防水材料，但特别脆弱、易裂，铺设柔性砂浆则可减少破裂问题。砂浆在勾缝处所产生的裂缝，会成为未来硬质防潮层材料失效的原因之一。

柔性防潮层材料随着化工产业的发展而变革，这类材料也逐渐地增加韧性与弹性。对于成本较高的金属防潮层，特别是铅板与用在高质量建筑的铜板，后来均被较廉价与柔韧的沥青油毡防潮层所取代，但这材料在 20 世纪 50 年代时反而又快速地被塑料材料替代。合成的"沥青聚合物"材料在 20 世纪 70 至 80 年代时普及，后来却因为会造成人们的健康问题而备受质疑，目前已经退出市场，被"纯塑料"聚合物，如纯黑色聚乙烯与其他更尖端的聚合物所取代。

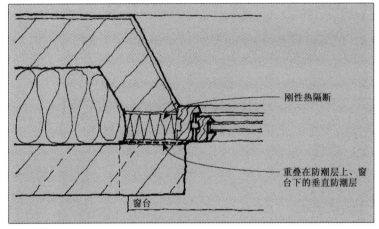

图 7　空腔墙开窗处的垂直防潮层平面详图

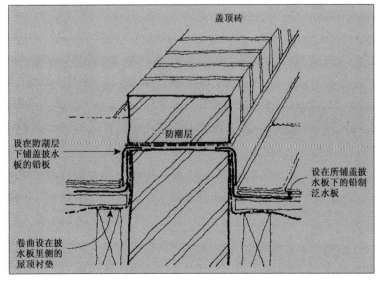

图 8　屋顶盖顶的防潮层细部大样

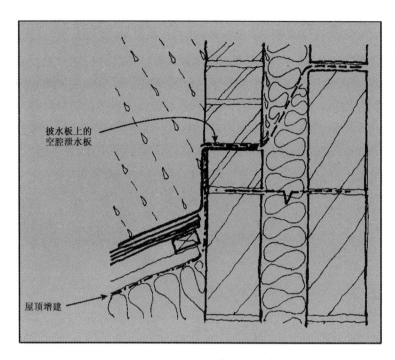

图9　位于屋顶接合处防潮层内的空腔泄水板

披水板上的空腔泄水板

屋顶增建

柔性防潮层拥有的优点为柔软自由的接缝处理，它能满足砌体构造承受变位的弹性能力、使用十分简单与廉价等特性。尽管如此，它还是具有一定的局限性，特别是设在角隅、卷边等需要人工粘接的密封接缝，与叠合的细部接缝处（由于需要特殊的粘接与清洁，对现场管理水平及人工技术有相当的要求），与砂浆粘接时，它的柔性特质使得它们易形成平滑面，易与墙基产生某种程度的"脱离"。

坚固建筑的稳定性是由砌体的剪切荷载所维持，但是对于单墙，特别像是低矮的花园墙，则容易遭受到强风与冲击而使得柔韧的防潮层破裂，因此通常会在墙基与盖顶处设砖、瓦或石板防潮层，其他防潮层就可不设。

现代建筑构造内的防潮层可分别防止潮湿吸附与渗漏，特别是设在门窗等"外露"开口附近且紧贴空腔墙内的防潮层，可有效地防止潮气进入建筑物。比如：设在屋顶凸墙盖顶处的防潮层，对于防止潮气向下渗漏入构造，具有至关重要的作用。此外，在空腔墙的空腔内设空腔泄水板，是适于用在改建与增建构造的另一重要设置，详细内容将在第3章中论述。

近年来，常在隔断墙体的隔槽内铺设片状隔膜，同时也有使用化学药剂灌注、电气处理或设置蒸发装置的处理方式，详细内容将在第2章论述。

防潮薄膜（DPMs）

设置防潮薄膜与防潮层的目的相同，均为阻止吸附型潮湿，不同的是防潮薄膜常铺设在地面层。1937 年所订的法令中已纳入防潮做法，即在实心楼板与木地板表面采用人造树脂或沥青涂层，20 世纪 50 年代又增订了实心混凝土楼板使用的规定，到了 1967 年防潮规定才正式纳入建筑规范中。在价廉物美的聚乙烯片出现前，防潮薄膜均为液态柏油、浇注涂抹的沥青，或沥青层防水毡。其实，质量良好厚度超过 150 毫米（6 英寸）的混凝土楼板，一般都具有防水性，它的效能可由控制混凝土的水灰比与添加掺和剂来提升。然而，对于厚度较薄的楼板，比如住宅建筑中所使用的 100 毫米（4 英寸）楼板，这种方法就不可靠了，设置防潮薄膜才是简单有效的做法。

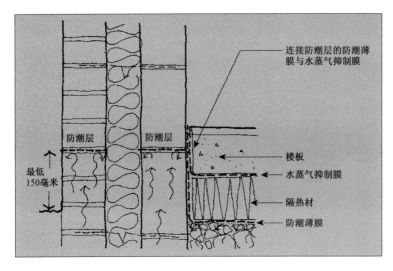

图 10 　实体地面的防潮层与防潮薄膜

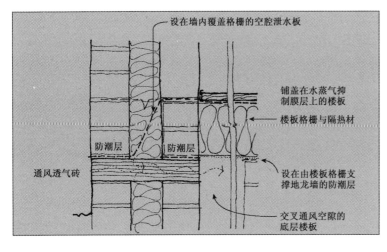

图 11 　木地板的防潮层与通风

防潮薄膜的弱点在于它的接缝处，以及它所连接的墙防潮层处。虽然大多数的防潮细部做法是简明的，但在楼板下邻接地面时，良好的施工技术就显得至关重要。传统的木结构、未设防潮薄膜的悬空地板，须依赖通风来防止潮湿的聚集与腐朽问题。底层通风口的老化或蓄意阻塞（为防止漏风进入建筑物），是一种最常见造成木地板腐朽失效的原因。

设置廉价的柔性防潮层，可避免支撑墙内的木格栅遭受吸附型潮湿。与在老旧的木楼板建筑物中采用石板设在格栅下的做法，具有相同的道理。

水蒸气抑制膜

构造中最常用的水蒸气抑制膜为透明的聚乙烯薄膜，通常较薄的为125μ（1000丝米）厚，250或300μ（500丝米）的薄片则用作为防潮薄膜，它在构造内是透明的（而非黑色或蓝色的），因此可减少受到阳光照射（紫外线降解）的影响，但在装设和检查时则不易被辨识。在大多数的施工中，"隔绝层"（Barrier）的说法是不正确的，薄膜往往在装设时可能会被戳破，因此要达到完全隔绝水蒸气的想法就不太可能。只有在插入电线或装设灯具等的特殊环境、现场加强维护与避免破坏，才可能达成真正的水蒸气隔绝。

水蒸气抑制膜的作用是阻碍水蒸气渗入构造内，以避免水蒸气量增加且受到外环境降温作用而冷凝结露。它直接影响构造对潮湿的敏感性与受冷外表面的抗渗性，以糟糕的情况为例，在紧贴覆盖金属板并设隔热材的木构架屋顶，如果没有有效地设置水蒸气抑制膜，则结露水会透过顶棚渗漏并滴落——这很有可能会造成木料腐朽。倘若此构造将聚乙烯水蒸气抑制膜设在隔热材内侧，并在金属板下设置通风空腔，就能解决这个麻烦的问题。

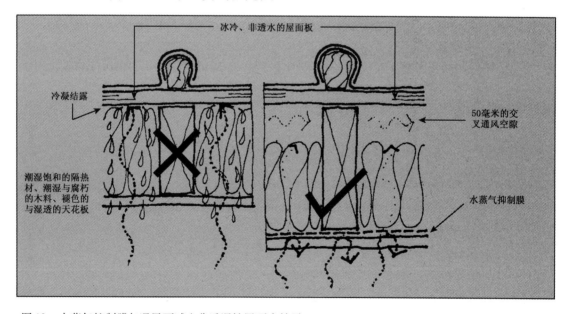

图12　水蒸气抑制膜与通风可减少非透湿性屋顶内结露

现在，楼板的隔热性能越来越好——水蒸气抑制膜常设在构造的隔热层暖侧附近。在木地板内铺设在楼板下侧与覆盖格栅上，在混凝土楼板内则铺设在隔热层上。防潮薄膜则与之不同，它通常会设在接近地面或碎石填料处。

已经有人开始反对"气密性建筑物"的做法。由于采用水蒸气抑制膜，可使得建筑物的室内环境变得更为自然，可由"呼吸性构造"提高空气质量，容许空气与水蒸气从任意方向缓慢地渗过。这样的做法可避免或减少冷凝结露，也就是使得构造从低渗透性的内侧到高渗透性的外侧形成重要的透湿力梯度关系，这样可让冷凝结露发生在隔热材料的外层，并透过良好的通风覆面材料（覆盖在木料或金属框架上）或可透气构造（通常为砌体构造）无害地蒸发。生产商已经开发出特殊的"水蒸气控制片"可设在构造内侧，与设在构造外侧的"水蒸气渗透片"。

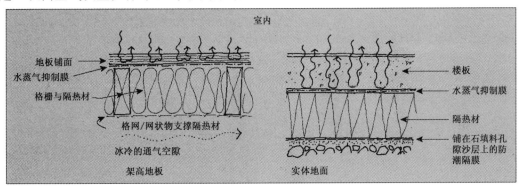

图 13　设在实心楼板与悬空地板的水蒸气抑制膜

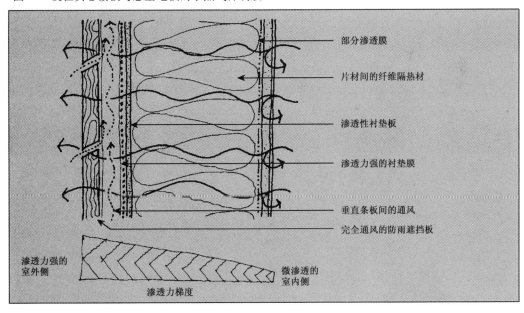

图 14　"可呼吸的墙"：具渗透力梯度特性

病症与诊断

最明显的潮湿病症为材料蓄水，一般均来自冷凝结露与管道漏泄，不论从降雨还是破裂的管道，都能轻易地看见，有时也可听到它们的存在；一般可在覆盖物部分拆除时明显地发现它们的踪迹。明显的病症如：潮湿的痕迹、壁画或壁纸的脱落，以及在一些部位着生真菌。这些真菌可由间歇性的冷凝结露而生，早期所产生者为轻微斑驳状的灰色或黑色霉，到茂密的"干腐菌"（为 Sepula lacrymans 真菌的混淆名称，它在潮的环境中生长，而非在特别湿的环境）。由此可见，潮湿种类繁多，有时相互混合成因。因此，诊断潮湿就显得有一定的难度，这时可使用问题消除法，以确保判断的正确性。诊断的复杂性会由于人的因素而增加、不同的使用者和生活方式，即使在相似的居住环境也可能会产生不同的问题。在某些案例中，即使当事者没有见到所产生的问题，邻居却可能已经饱受严重的潮湿病症折磨。

同样地，人们在面对潮湿问题时，由于时代的不同而表现出不同的态度。过去认为只要建构在潮湿的环境，建筑物就会出现潮湿的问题，那时大多数人只能居住在一般气候或尚可容忍潮湿的生存环境里。为了对付潮湿，他们只好依赖通风、使用耐潮湿的材料，以及小心翼翼地置放它们的器物。20 世纪以来，居住在工业化社会的人们见证了逐步提高"居住环境标准"，以及人们面对公众健康与居住环境所改变的态度。这意味着人们正意识到潮湿的建筑物不利于健康，并且会危害到人们的日常生活。

鉴于人们已经意识到能源浪费所带来的环境影响，我们过去也常鼓励人们用防吸风压条和隔热材料来"密封"建筑物。然而，这两种做法虽然有助于提高舒适性并减少能源使用但会加重潮湿病症（尤其在密封措施只有一部分或布置得十分零碎时）。举例来说，就像是将普通窗增加单层玻璃进行局部改善而成气密窗，由于减少了玻璃面的通风、增加气密，反而促成了冷凝结露的问题。

图 15　干腐菌的子实体（Peter Cox）

多重性诊断

不同的病因可能会生成类似的病症，特别是在危房或缺乏维护的建筑物内，潮湿病症的源头会混杂在一起。受潮的建筑物初期表现是"悄无声息的"，使用者无法从外表得出结论，但到某个时候严重的病症就会立刻显现出来。因此快速地诊断是具有风险的，不同的时间段与气候因素都会形成不同的病理特征。最好的方法是在不同的气候条件下测量，从墙体与楼板中取样进行材料分析，来评判建筑物的状况。

渗漏型潮湿会在潮湿发生的早期清晰地呈现，比如在屋顶的破洞处吸附型潮湿也是存在的，只是不这么清晰罢了，直到某天屋顶维修时问题才会显露。同样地，冬季结露通常不易显现，除非是新使用者在建筑物中明显增加热水使用量，使得大量水蒸气蒸发与建筑物通风不良，这问题才会暴露。

在英国建筑研究所（The Building Research Establishment，BRE）有关潮湿评估指南中，建议采用以下 8 点潮湿问题诊断的程序：

1. 检查最近建筑物的构造变化（例如：设置新的开口、改变地面高度，或改变空腔墙体、保温隔热层），这变化可能会造成原有的细部设置不再正确。

2. 用摄影照片或现场速写的方法，记录渗漏型潮湿作用的正确位置。

3. 用同样的记录方法，记录任何的形变或霉菌的生长情况。

4. 记录场地特性，例如：相邻建筑、树木等，特别需要记录的是近期任何可能影响建筑暴露在外部气候环境下的改变。

5. 记录潮湿出现与干燥的时间，这将会受到气候条件的影响，包括气候改变与潮湿症状改变的时滞性问题。

6. 测量影响构造的潮湿含水率，首先需进行测量仪器的校正测试，然后进行抽样测量与实验室分析；取样需从构造的整体厚度入手，而非仅从表面取样。

7. 测量与记录室外的气候与室内的环境条件，比如：温度、湿度、气流与降雨或降雪。

8. 拆开受到影响的构造，精确地检查它是如何建构的，注意观察从潮湿源扩散的"踪迹"。

很明显，前述的检查方法中有些相对比较容易，有些则相对困难，即使由多重因素产生，使用者也很少需要取样进行实验室分析来诊断。过快的评估容易导致过于简化的解决办法，从而造成不必要的成本浪费，诊断与治理的规模应当符合问题的大小与需求水平。事实上，大多数人依旧快乐地居住在轻微潮湿并按传统方式建造的房屋中。因此若出现局部潮湿问题或者更糟糕的情况，都仅需要进行适当的局部整治，而不意味着整幢建筑都必须进行所谓的"必要处理"。

另一方面，越来越多的现代化建筑都设置了抗潮湿的细部与材料。因此潮湿的问题多由材料的损坏或腐朽，或非正确的建造、变更而产生。对此，治理的方法很简单，但需要在决定治理的工作前将现有的构造进行彻底的检查。比如：当一幢住宅已经设置防潮层并"桥接"至已经增加地面高度或地面下的新抹灰打底层时，就应该不需要再设置新的防潮层，否则就需要将地面或新抹灰打底层修整，这样才能使得防潮层发挥应有的作用。

此外，长时间被遗弃的建筑物会彻底地

达到潮湿饱和状态，遭受不同形式的潮湿与腐朽的侵袭，维修过程中将会面临着不同的病症，因此在不同的阶段也应采用不同的治理方法。在被遗弃的潮湿饱和建筑物中，在构造材料干燥前的早期阶段仍然可以分辨出是吸附型潮湿还是渗漏型潮湿，比如：可在墙体的不同高度取墙体钻心材料试样进行测试，倘若含水率随着高度的增加而呈现明显减少时，此函数曲线就几乎能够表明吸附型潮湿的特征。若含水率在 5% 以下，就未必是吸附型潮湿。

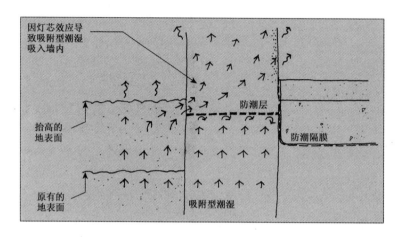

图 16   提高的地平面会导致防潮层形成"桥接"

第 2 章

吸附型潮湿

它如何形成?

形成吸附型潮湿必须具备以下 3 个条件:地面接触、潮气渗入与多孔结构。

地面接触

事实上,墙体与地面构造面对潮湿威胁非常脆弱。现代构造的防潮层与防潮隔膜可隔绝与地面的直接接触。在潮湿的环境,必须彻底防范吸附型潮湿,它很容易发生在质量较差的建筑物中。

潮气渗入

潮气渗入过程并不简单,它会因为时间与场所的差异而产生各种可能。独幢住宅通常会出现各种不同的情况,比如:在墙背侧靠山边而墙面侧建在较低地坪面时,倘若地下水位(地下含水层的水位高程)顺应着山势,则墙背侧始终会呈现出饱和的湿润状态,而墙表面却依然是干燥的。在不同季节,由于不同的降雨、蒸发速率与水分在树木与植被间的传输,地下水位会在夏季时下降、冬季时上升。在临界状态下,这就会导致季节性的潮湿,而形成干湿边界的暧昧不明,如此会使得材料表面随着时间积累泛碱,而导致潮湿症状逐渐恶化(见下文)。

多孔结构

砌体材料,比如:砖与石以及混凝土,是最常见容易受到吸附型潮湿影响的材料。其

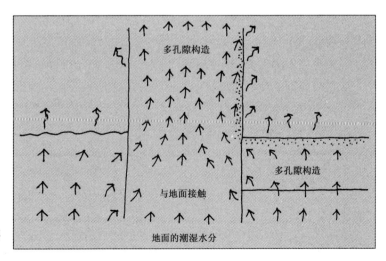

图 17　形成吸附型潮湿的必要条件

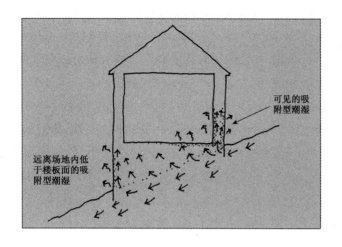

图18　吸附型潮湿会在同一建筑物中产生不同的效果

实，任何多孔结构材料，比如：木料、石膏胶泥或土壤——通常出现在传统建筑的土墙、黏土团块等，或现代建筑的夯土或未烧结的黏土砖中——均可能在不良的环境中受到潮湿的危害。

相对地，非多孔结构材料，比如：钢材、玻璃、压密砖（工业用砖）和一些抗渗石材（如板页岩）等，均不会产生吸附型潮湿，因此压密砖和板页岩常作为防潮建材使用。

这两类材料的差异在于其孔隙结构，容易吸附潮湿的材料具有开口孔隙，可由毛细作用传输潮湿水分。这种现象的产生取决于以下4个主要因素：

1. 材料孔隙结构；
2. 地面土壤的潮湿饱和度；
3. 材料表面的蒸发速率；
4. 材料表面的盐分浓度。

尽管吸附型潮湿通常发生在墙体距离相接地面高1米的范围内，但在不同环境条件下会产生不同的结果。一般来说，孔隙尺寸越小，潮湿吸附就会越高。但在像是砖材等传统营造材料中，孔隙要小到千分之一毫米是十分罕见的。在建筑邻近高地下水位区时，即使没有实际接触到这些水分，仍然会

带来较高的潮湿面高度。

材料表面的蒸发效果会受孔隙大小的影响，而蒸发速率又会随着气温的增加而增加——因此在夏季时，材料被增温加热，这反而会促进吸附型潮湿的效果，但会由于材料表面的蒸发速率增加，而使得潮湿特征不易被察觉。同时，地下水位的下降也进一步减缓了吸附型潮湿的症状。

当潮湿的水分从地下往上升时，可溶性矿物盐就由墙体或楼板材料进行传输，同时也会从构造材料中再溶解其他的矿物。当水分蒸发时，矿物盐就会在材料表面逐渐聚增、形成结晶，且逐步地填塞孔隙，使得随后而至的水分上升到更高的高度来"完成蒸发"（详见图6）。

有些矿物盐是具有吸湿性的，它会吸收空气中的潮湿水分。当盐分聚集在材料表面时，它会从空气中吸收潮气，因此在潮湿条件下，尽管墙体与楼板等构造内所出现的潮湿吸附现象用肉眼较难察觉，但触摸材料表面就会感觉湿乎乎的，这状况在夏季非常明显，而且很容易和在类似气候条件下砌体构造受冷面的冷凝结露混淆（详见第4章）。

虽然表面聚集矿物盐是典型的吸附型潮

湿症状，它可由任何潮湿形式而产生，但它只不过是潮湿水分蒸发的产物。潮湿水分进入材料的方式，并不决定它们是如何离开的。洪水能在一段时间内使得墙基与楼板饱和（不论是否有防潮层与防潮隔膜），之后需要经历数月或是数年才能干燥。渗漏型潮湿则由重力作用将潮湿聚积在墙基与楼板内，它的蒸发过程与吸附型潮湿相似，均会有盐分释出。

它何时发生？

老化破裂

　　防潮层与防潮隔膜因老化、破裂导致失效的问题虽不常见，但确实有可能会发生。尤其像是早期"柔性"沥青油毛毡防潮层，会因为时间推移而被压缩脆化，因而不再柔软，使得沥青麻布材料破裂。老化防潮层的连接，与地基甚至非常微小的沉降就足以让防潮层产生破裂。材料间的位移会影响像是层板片、砖或瓦等刚性防潮层的效果，也可能会造成水泥砂浆或防潮材料的破裂。

　　同样地，楼板位移也会使得溶液灌注膜破裂。高质量的沥青具有良好的柔软度，可

以愈合微小位移造成的破裂，但是许多建筑的楼板，尤其是 20 世纪 40~50 年代的，它们所使用的防潮材料却是又薄又软的沥青油毡，效果十分有限。有些现代的溶液灌注膜固化后会形成坚韧柔软的片状材料，比聚乙烯具有更佳的延展能力，而其他的环氧树脂材料则可以和楼板充分粘接来抵抗水压，同时它的强度也足够用于楼板的修补。

　　砌体中几个独立的裂缝造成防潮层失效时，常常可以简单地修好，然而倘若出现大面积因老化而导致失效的问题，则必须更换防潮材料。

构材变更

　　许多使"防潮层失效"的原因，都是疏于维护或刻意地变更防潮层材料所造成，它们本来能够阻止多孔结构材料中的潮气在防潮层上下的"桥接"，而现在它们却允许潮气穿过防潮层升到墙体或楼板里去。最常见的示例，为提高地坪高度、变更墙外粉刷、墙内抹灰或增铺楼板等（详见图 16）。倘若发现这样的错误，用相对简易的方式就能移除不当的"桥接"，使得防潮层恢复有效的隔绝状态，而非成为潮气穿越的途径。

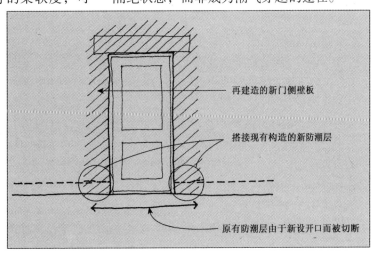

图 19　变更作业中防潮层的修补

再建造的新门侧壁板

搭接现有构造的新防潮层

原有防潮层由于新设开口而被切断

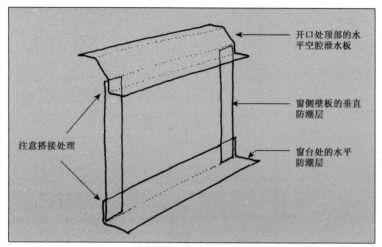

图 20　保护空腔墙开口的防潮层做法

开口处顶部的水平空腔泄水板

窗侧壁板的垂直防潮层

窗台处的水平防潮层

注意搭接处理

　　在墙面新设开口时，就算防潮层没有桥接也通常会在开口任意侧再建砌体侧壁板以支撑新楣梁。在那里，原有的水平防潮层被切断，侧壁板需要小心地重新嵌入新砌体构造中，并与原有防潮层再度搭接或粘接。

　　同样地，由于在空腔墙内新的开口侧壁板可连接墙体内外侧面墙，而使得吸附型与渗漏型潮湿易渗入内侧墙内，因此设置垂直防潮层是必要的。类似的潮湿渗漏问题也会发生在开口顶侧（而不是受到重力作用下沉），在那里嵌入空腔泄水板可以将腔体内的水排出墙外；在过梁上方积聚的水常通过泄水板的排水孔流出；在窗台板处设置则能保护下面的墙体。这三处防潮层均须小心地连接与搭接，使得渗漏水能排出（图 20）。系墙铁是另一种常见可产生潮湿在腔体内引流的潜藏途径，它被广泛地使用但不能被防潮层保护，不过它可中央弯曲或做成"滴引"状，以阻止水分从墙外渗入墙内。

　　空腔墙是久经考验的一种可维持建筑物干燥的墙体，不过它需要严谨的施工技艺。倘若施工不严谨，它反而会变得更易受潮。当要进行构造改造时，就需要先了解这建筑当初是如何被建造出来的，并在改造时遵循同样的方式，即使建造质量检查员未必一定会同意这样做！由于防潮层仅可带来局部的效果，所以直到现在也没有证据证明将传统的实体墙改成空腔墙可带来哪些好处（详见第 3 章对于防治渗透型潮湿的论述）。

粗糙的施工

　　除了上述的问题外，在施工十分粗糙的情况下，砂浆会滴落并掉入空腔墙底部形成"隐藏桥梁"，并可能会导致潮湿水分引入墙内（图 21）。除非这劣质的工艺已经异乎寻常地融入构造，不然这失败的工艺将会导致墙面上形成斑驳或区块的潮湿痕迹。

　　类似的效果会发生在施工不良的防潮层、不充分或稍没有对准墙线的接缝处，不良的接缝或防潮层会形成桥接或聚潮，而使得楼板防潮薄膜无法接合。当防潮层看起来完好无损且未桥接时，潮湿的出现可能就是由于冷凝结露所造成，结露的凝结水则成为墙体与胶泥的潮湿来源（详见第 4 章）。

　　潮湿，似为自然界的多余产物，但它不会因构造的正常而不形成。在干燥的环境，即使是质量最差的施工技术也足以使得建筑物干燥。而在恶劣潮湿的环境，即使再专业

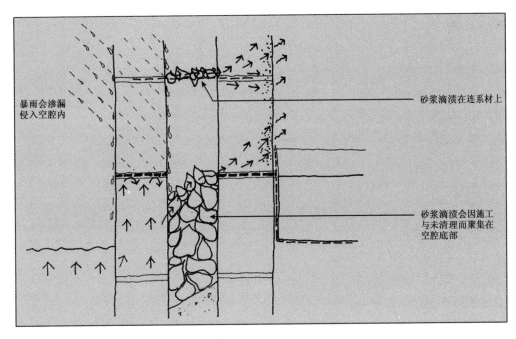

图 21　砂浆滴渍可使得潮湿越过空腔墙

图中文字：
暴雨会渗漏侵入空腔内
砂浆滴渍在连系材上
砂浆滴渍会因施工与未清理而聚集在空腔底部

的施工技术可能也无能为力。因此，在思考吸附型潮湿的解决方法时，最重要的是应首先划分潮湿问题的等级，然后再确定相应的适当解决方案。

被忽视的问题

19 世纪末以来防潮层已被改进并应用到新建筑内，但在那之前有 10% ～15% 的英国住宅并未使用防潮层，大约有 300 万户。这说明绝大多数的建筑物仍面对着吸附型潮湿的难题，虽然直到今日防潮产业已能克服多数难题，而且就目前的市场状况来看，这产业已经非常多样。尽管还有一些问题显然和吸附型潮湿有关，应采取适当方法处理，但还有许多问题是由于人们与他们的生活习惯所产生，若能结合地理学、地质学、水文学与适当的居住管理来经营所面对的环境，形成合理成功的居住模式，这样就算没有防潮层也能舒适地生活下去。

多少潮湿量是可接受的？

现代人们的期望与建造理论告诉我们要向绝对"无潮湿"的境界迈进，但讽刺的是，我们已经意识到有多少的潮湿水分会透过洗涤、烹饪与人们呼吸"释出"至所处的居住环境——数据显示每人每天会产生 12 ～20 升的水。有种特殊的现象，人们冬天时常会在建筑物中央处取暖，如此反而会促成"增湿作用"，它会引导潮湿空气进入至干燥室内，而使得室内环境变得舒适与健康。

倘若建筑物的地面标高设在合理高度，防潮层与防潮薄膜就能更好地发挥作用。在合理高度设置可易于维修偶发的失效，或易于诊断因错误变更而产生的吸附型潮湿。尽管面对长期的潮湿失效，考量如何处理干燥问题与重新涂敷涂层，均会较实际维修来得困难（第6章再论）。

另一方面，传统式施工少见于文献记载，各种材料与构件共同作用往往会产生不同的协调效果。未设防潮层的实体墙在某种程度上更容易受到潮湿的危害，影响的因素有很多，比如：场地潮湿与材料质量。在某些案例中，当问题较小时采用传统耐湿的涂层像石灰砂浆或设在低楼层阻挡潮湿的墙裙板或嵌板，均可获得适度的改善，然而全面"治理"反而会造成破坏或成本浪费。这类案例常出现在实心砌体墙与石板地面的老旧建物中，尤其是石板地面，它具有提高隔湿性的能力。在墙体没有防潮层且楼板也没有防潮薄膜的情况下，建筑物很可能会显现出吸附型潮湿的症状，而且在过去的半个世纪变得更加严重了。此时可将老建筑旧的石灰膏涂层换成耐湿性的石膏灰泥，或简单地运用乙烯乳胶、油性涂料或乙烯面料的壁纸重新装修墙面来改善。

有种新式墙防潮层，为灌注式化学药液防潮层。这种防潮层会以条状物设在墙体内外侧，约高1米处。但这种新防潮层在墙内可能会产生负效果，导致楼板潮湿量显著地增加，好比墙体透过毛细作用将潮湿水分释出。所谓合理的解决做法是将材料所吸收的水分导引至新防潮薄膜上，但这样做反而会

导致成本浪费与严重的结构危害！不过在面对更严苛的情况下，若筑墙材料为采用新式防潮材料，这可能是最佳的解决做法。若这幢建筑物是历史性保护建筑，这样做当然是不可行的。对于17世纪或者更早期的历史建筑，在清理老旧灰泥时，可能会破坏历史性装饰物或壁画等，因为它们常常隐藏在"现代装饰物"的背侧，因此在修缮前须仔细地探查，并在必要时请求专家的协助。

温和的措施只能减缓而非根除问题，比如：在基础周边铺设地下排水管，可降低较高的地下水位。检查排水管的排水状况，尤其是排水管须远离积水的浸泡以确保能正常作业。同时，应将易受潮且盐饱和的内外墙面换上耐湿透气的涂层材料，如涂抹石灰或胶泥与传统的"绿色"的涂料。

这些案例充分展现吸附型潮湿的"雷区"，多数为涂料与粉刷层扭曲变形、脱落与腐朽，或者着生霉菌、木料腐朽等。因此，在考量治理策略时，需求与预期结果的平衡是重要的。若是对仍然受潮的材料进行缺陷治理时，则无需进行潮湿构造材料的"全盘更换"。

吸附型潮湿的治理

总的来说，有三种策略是有效的：阻碍型

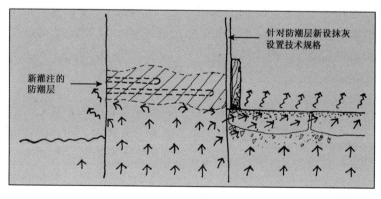

图22　新防潮层会引导吸附型潮湿渗入与其接连的石板地面内

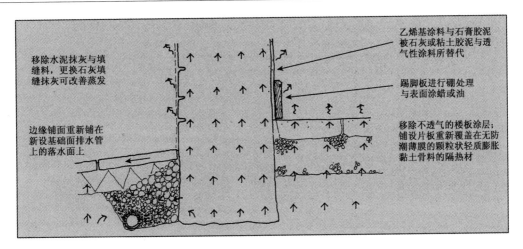

移除水泥抹灰与填缝料，更换石灰填缝抹灰可改善蒸发

边缘铺面重新铺在新设基础面排水管上的落水面上

乙烯基涂料与石膏胶泥被石灰或粘土胶泥与透气性涂料所替代

踢脚板进行硼处理与表面涂蜡或油

移除不透气的楼板涂层；铺设片板重新覆盖在无防潮薄膜的颗粒状轻质膨胀黏土骨料的隔热材

图 23　构成最少吸附型潮湿及其效果的整合做法

策略、舒缓型策略与隐蔽型策略。这些策略均有它的适用范围，但并不适合解决任何的问题。不过在相同的场所与同样的使用者来使用时，所产生的结果往往是类似的。

阻碍型策略

不论是薄膜或防潮层，阻挡吸附型潮湿的路径皆采取复杂的化学与电气原理与技术来减少构造材料孔隙率，或以简单的隔绝材料横向嵌入墙或楼板内成为防水层。虽然理论效益是完美的，但是实际效果——特别是在化学型、电气型与蒸发型防潮层上——则会因建造环境的适应能力与施工技术的质量差异而有所不同。某些策略确实可在一定程度上减少吸附型潮湿，但是最佳的策略与效果才是我们需要的。

防潮板片材嵌入法

这是唯一一个完全可靠又耐久的防潮做法，施工较为缓慢且费工，因此成本较高。做法为切割墙体，包括在墙内部与外部的涂层间留设空隙，空隙厚度需能容许嵌入防潮板片材，之后需在材料上下侧填补密实的砂浆。为了维护墙体结构的稳定性，材料应尽量预留一小段方便搭接，常在围绕着墙体 1 米左右的高度切割并加固（图 24）。施工人员的技术和判断需成熟，能让墙体结构在承受最少破坏的状况下正常稳定地工作。不论是针对作业方案的适宜性、认可被破坏的干扰程度，还是材料的切割长度等问题，施工前需征求结构工程师的建议都是必要的。

移动脆弱设备物件时需要进行特殊对待，比如室内外电缆线、电线管路，以避免或减少对墙和历史物品内外哪怕一丁点的危害。可嵌入的材料包括全部柔韧的防潮材料，像塑料、金属或是"三明治"合成材料的柔性防潮层，均需要结合刚性板材与金属板来进行加固，这种做法特别适用于历史建筑。

在嵌入防潮材料后，为了让它发挥更佳的效用，需要注意的是要避免过度桥接新防潮层，及连接防潮层至地面层防潮薄膜的细部处理。底层衬垫砂浆需要适度地夯实以承载墙体荷载，也常常采用化学添加剂来改善材料的强度与可加工性；干式混合法（dryish mixes）可密实充填并减小材料收缩率。

23

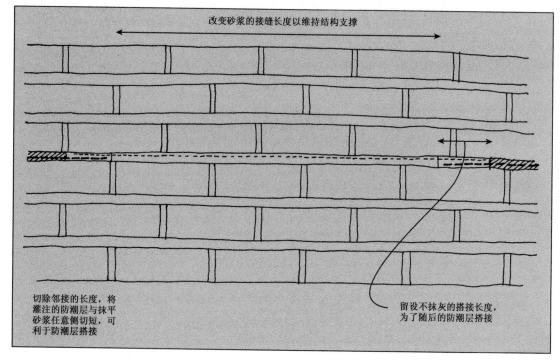

改变砂浆的接缝长度以维持结构支撑

切除邻接的长度，将灌注的防潮层与抹平砂浆任意侧切短，可利于防潮层搭接

留设不抹灰的搭接长度，为了随后的防潮层搭接

图24　预留尺寸切割防潮层利于维持结构的稳定性

化学药剂灌注法

这是拥有最大市场的专业防潮做法，应用时应遵守英国国家标准（BS 6576:1985），并有专业认可证明。这种"灌注法"须由专业承包商进行施工，专业协助的商业协会是英国木业保护与防潮协会（01332225100）。

所灌注的药剂主要是采用硅类材料或硬脂酸铝，可采用高压、低压或直接由重力将药液灌注（渗入）墙内，原构造内的潮湿水分则会因孔隙内溶液环境的改变而逐渐被逐出。在受潮墙内，化学防潮药剂的分布剂量与在孔隙结构内的调控控制，都已在这种水溶液的防潮研发经验中取得顺利的进展。

钻入墙内潮湿饱和区的灌注孔深度通常为75~150毫米（3~6英寸），孔洞高度设在接近外地面层高150毫米（6英寸）处，

钻心的位置与深度会因墙体的潮湿饱和状况而有所不同。对于多孔的石或砖材，灌注孔则需钻入砖或石材内。但对于均质的砂浆材料，则以美学、历史特性等理由，应将孔洞钻入砂浆接缝处为妥。

灌注作业的技术主要在于依据墙材特性选择合适的灌注频率与深度，确保可达到完全饱和的灌注药剂量。被灌注的潮湿材料层应当穿透墙体，从墙内至外连续地延伸，但不可穿过已有的防潮层。垂直灌注防潮材料能用来分隔墙体，可将邻接的防水层与墙体进行分隔，或分隔未进行灌注处理的相邻建筑。对于没有进行垂直灌注处理的墙体，吸附型潮湿则会从紧邻的墙或建物侵入，且会轻易扩散至已作处理的墙内，从新设防潮层的上方进入（图26）。

图 25 灌注式防潮材由砂浆接缝灌入（Peter·Cox）

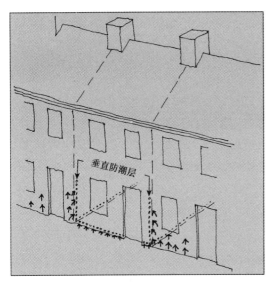

图 26 垂直灌注防潮材可防止吸附型潮湿从未处理的邻墙处扩散

在筑墙材料不变且施工技术良好的环境下，灌注药液可成功地填充墙内孔隙，形成有效的隔膜以隔绝潮湿。适合的墙材构造为砌筑平整的均质实心砖块或石材，不推荐使用胡乱砌筑且是非均质孔隙的石材或砂浆，

因为材料内可能存在真空的小孔——就算在灌注防潮材料前可用水泥浆来填实孔隙——或者其中的某些材料是不透水的，如燧石、过火砖或工业用砖。理论上，密致的材料本身就可作为防潮材，当仔细均匀地铺设砂浆并灌注药液后，可得到更佳的防潮效果。然而，在多孔结构材料内，潮气得以随意进入，潮湿水分就会干扰化学防潮材料成型。

灌注作业会因墙体厚度、钻孔硬度与潮湿饱和的增加，而变得困难。任意砌筑的传统毛石墙特别难处理，由于这种厚墙通常是由脆弱的砂浆粘接不规则的石材，来砌筑内外层皮墙，墙心填充碎石块或砂浆。这种充填材料通常是质量非常差且是多孔隙的，会使得灌注的充填效果不可预知，防潮效果也无法信赖。被空气填充的孔隙无法传输潮湿水分，反而会阻止防潮药剂的吸收。填涂防潮糊膏与乳脂药物能替代药液灌注，可使得不规则且多孔隙的砌墙产生较佳的效果。

电气式防潮法

设置电渗式（Electro－osmotic）防潮层

25

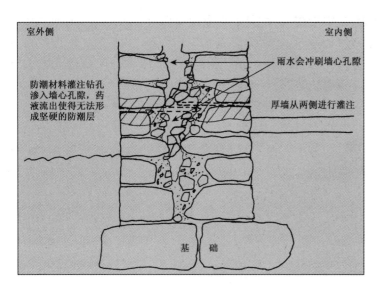

室外侧

室内侧

防潮材料灌注钻孔渗入墙心孔隙，药液流出使得无法形成坚硬的防潮层

雨水会冲刷墙心孔隙

厚墙从两侧进行灌注

基　础

图27　防潮层灌注入毛石墙后出现的孔隙问题

应由专业公司来操作，和化学药剂灌注一样。它的原理是在砌体墙的基础引入正电荷，以抵御因毛细作用而吸附的潮湿水分。施工方式为插入抗腐蚀性的金属阳极，像黄铜、钛金属棒等，至墙内已钻好等间距的孔洞中——通常间距为 400 毫米（16 英寸）——再以电缆连接成的环状回路"嵌入"，或挖槽置入墙内（通常会设在砌体构造的砂浆接缝处）。环状回路主要通过变压器传送微量的正电荷，如化学灌注法一般，这种方法在均质材料内效果较佳，在构造不规则且多孔洞的环境下则效果不良。

蒸发式防潮法

这种方法已具有悠久历史，由于基本原理为直接增加构造面的蒸发能力，而非设膜进行阻挡，因此有争议性的认定将这方法归类为"舒减型策略"而非"阻碍型策略"。

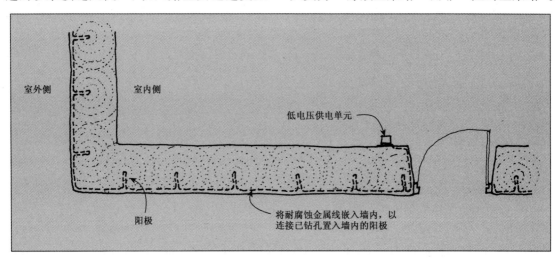

室外侧

室内侧

低电压供电单元

阳极

将耐腐蚀金属线嵌入墙内，以连接已钻孔置入墙内的阳极

图28　电渗式防潮层引入的电荷可抵御毛细作用

然而，该产品早已市场化，也具有质量保证。它与前述的防潮方法沿用同一套系统"治疗"吸附型潮湿，也就是它可以结合其他方法成功地防范部分的吸附型潮湿，以有效地减少潮湿病症，因而它应当被归类为阻碍型策略。各种相关专利产品所采用的原理为将成排开孔的陶管或陶瓷嵌入墙内，利用它与墙外产生空气流动，提供给内部层间产生吸附型潮湿容易蒸发的路径。由于在陶管或陶瓷的外部未设保护盖，为了防止雨水渗入与昆虫移居，而应当采用透水性砂浆将它粘着在墙内。

从 20 世纪 30 年代纳本管（Narben）系统就已经开始销售，应用在凡尔赛宫就是一个成功的示例，到了 60 年代时英国的泊廷（Protim）设备公司才将它推广上市，那时化学药液灌注系统的可信赖度与成本控制正处在改进阶段，直到 70 年代时皇家道尔顿（Royal Doulton）瓷器公司才在市场上推出他们研发的新产品版本。现今，已有一些设计精良的陶瓷罐器系统，如某厂商所研发的著名斯瑞基瓦（Schrijver）系统，已在荷兰推出并市场化，它强调提供 30 年质保并有无需在墙内再抹灰泥的优点，不过这个系统是否真的能超越其他产品很难看出来，特别是所吸附的盐会聚积在粉刷灰泥面，盐分聚集会使得水蒸气在材料表面蒸发的效能降低，如同胶泥般积累在材料内部，进一步阻塞孔隙使得潮湿水分吸附得更多。因此，设置这个系统后，盐分可能会聚集在陶管或陶瓷内，反而无法降低潮湿吸附的效果，这结果实在令人惊讶！

虽然这个荷兰的陶瓷系统在引导气流、移除结露等潮气上有精密的设计，但它们没有针对不同墙厚设计适应不同长度的几种型号可供选择。因此，如同其他系统一般，它常需要依赖局部气流等微气候的协助。然而，促进潮湿墙体的蒸发在原理上是行得通的，因为它能通过减少潮气的吸附阻止潮湿问题在其他地方发生，如毗邻的房屋。

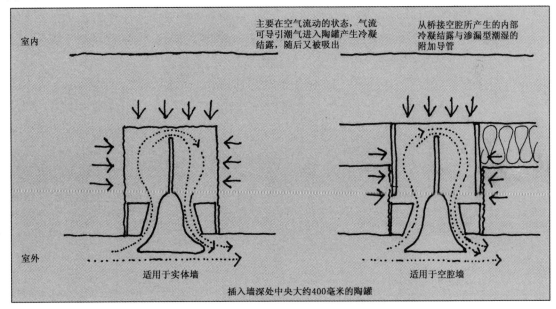

图 29　嵌入墙内的蒸发式陶瓷系统——斯瑞基瓦（Schrijver）系统的工作原理

伴随的问题

处理大多数吸附型潮湿的做法，特别是那些已有保障的做法，在技术规范中规定在移除内装面层时，必须至少要移除室外地面高度 1 米（3 英尺 3 英寸）以上的粉刷层，换成专业规格的材料。通常须在水泥砂浆中混合一种盐分抑制剂与尖颗粒砂，混合拌合比是 1:3。然而，在《英国建筑研究所文摘》245 期中建议 1:3 的拌合比在大多数的情况下是过量的，并且反而会造成过度制止水蒸气渗透的状况，在一般抹灰作业中应采用较高度透气度与较原砌体材料稍弱的粘接材料，即合适的拌合比为 1:6 及以上。更换被盐分污染的胶泥可以彻底处理吸附型潮湿问题，并且能预防在装设防潮层前所不断地出现的潮湿病症。有人认为，除非用带状与环绕的加固做法，否则最好不要采用较高强度的水泥抹灰进行修补。因为在此基础上，若防潮层无法适应当地作业，则不论采用何种水泥抹灰进行修补，均要满足防水问题。他们的观点主要在于，修补时采用较高强度的水泥抹灰砂浆易产生收缩破裂，一旦破裂则所谓的"防水"就起不到作用。因此，除非墙体是由密实混凝土或工程用砖砌筑，则更换抹灰砂浆的拌合比以接近 1:6 或 1:8 会较 1:3 为妥，同时须满足 BRE 与 BS 的规范规定。针对较弱处，涂抹更多透气胶泥可减少些许吸附型潮湿残留，也会减少因隔潮不良而造成部分潮湿渗漏，而不会使得墙内潮湿向上蔓延，造成新涂层材料危害。屋主应当监督防潮工人采用较强规格的混凝土进行施工，而不用考虑其他方面所产生的问题。

移除更换胶泥，会比破坏防潮层后再重新设置费时，因为大多数的防潮层是外向设置的。室内墙、非常厚的外墙与设在烟囱墙腰部的防潮层是例外，它们均需要在墙体两侧进行防潮处理。

虽然防潮专家会在处理防潮问题时，尽量不剥离、拆除或更换涂层，但残留在墙内的潮湿水分与胶泥所聚积的盐分再引发病症的概率是非常高的，因此他们也未必能保证这样做万无一失。

许多情况下，设有防潮层并具备品质保证，且具有满足拆除和修复的所有要求时，就可成为购房者向银行进行抵押贷款的重要条件。但当在遭遇到潮湿问题的屋主再面对治理，而选择节约成本或保留遭受影响部位的做法，则必须接受面对病症再次复发的可能。但是这样反而会让房产估价员认为房屋本身存在防潮缺陷——至少是没有防潮保修——而导致估价甚低。

设置防水层所伴随的问题

防潮治理的其他专业规定，新防潮层需设高过室内楼板面，且高于室外地面 150 毫米（6 英寸）以上处；在防潮层下到楼板面或连接楼板下的防潮薄膜处应设置"防水层"。做法有几种，最常见的是底层涂抹防水抹灰砂浆，在裸露的毛石墙上涂抹 3 层沥青或是橡胶基底材料的液态防水涂料，在面涂层上再铺设尖粒砂。当砂粒还处于湿润状态时，就与胶泥和抹灰材料拌合胶结。假使墙面坚硬且无需修饰，比如均匀点状颗粒的砖面，就无需进行底涂抹灰。但是这种墙由于粗糙而无法很好地设置防水层，因此需要在底层涂抹灰来修整材料表面与填补愈合裂缝，否则将会造成防水涂层的缺陷。在墙基的作业均会因不良的施工技术产生脆弱点，严谨地制备基底抹灰与严格地涂布防水涂料，才是可使防潮层生效的必要条件。

粘贴在墙面的片状防水材料可替代液态

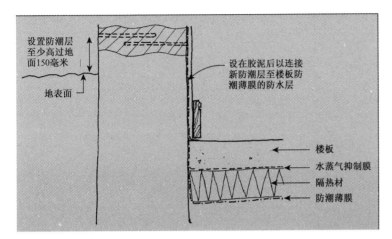

设置防潮层至少高过地面150毫米

地表面

设在胶泥后以连接新防潮层至楼板防潮薄膜的防水层

楼板

水蒸气抑制膜

隔热材

防潮薄膜

图 30　低于地面的楼板处理：连接防潮层至楼板防潮薄膜

材料，但需要投注更多的成本，还需要坚硬的基底材料与严谨的施工技术。片状聚乙烯防潮膜可从楼板延伸到所连接的防潮层与墙面，但它会比专业片状防水材料脆弱，也比液态材料在孔洞周边的自我愈合能力差。

涂层的后期修缮，尤其是在更换踢脚板时，需谨慎地处理以免刺破新的防水层。在多数案例中，踢脚板与其他低高度的连接板多用胶粘合，而非栓接或钉接。如果不能用胶粘接，防水材料需伸入已固定的砌块夹缝中，或在墙上钻孔安设塑料螺栓固件与螺栓

固结，塑料螺栓固件应在插入防水层前以乳香树脂或兼容性树脂填入所钻的孔洞中。第3章将深入论述防水层的设置。

楼板防潮做法

墙体的潮湿问题并非必然地会随着楼板的潮湿吸附而产生，虽然它们是共生的，但有时也会因为设置了防潮层而使得墙体不受到困扰。有时也会因新设防水楼板后，反而导致邻近墙内产生更为严重的潮湿吸附。

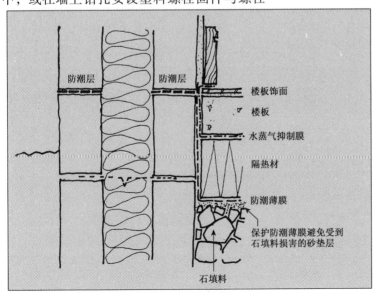

防潮层　防潮层

楼板饰面

楼板

水蒸气抑制膜

隔热材

防潮薄膜

保护防潮薄膜避免受到石填料损害的砂垫层

石填料

图 31　实体地坪楼板防潮薄膜的通用做法

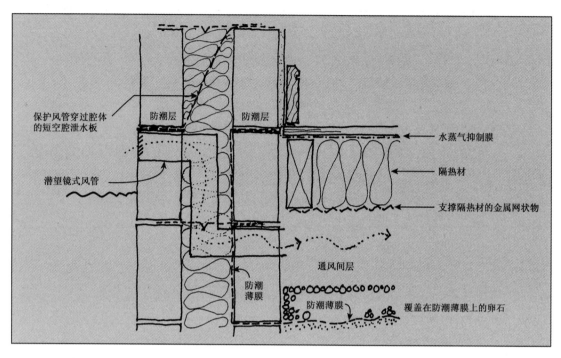

保护风管穿过腔体
的短空腔泄水板

防潮层

防潮层

水蒸气抑制膜

潜望镜式风管

隔热材

支撑隔热材的金属网状物

通风间层

防潮
薄膜

防潮薄膜

覆盖在防潮薄膜上的卵石

图32 木质地坪楼板防潮薄膜的通用做法

在建筑物中常见的两种地板：夯土地面层与架空地板。传统建筑中的架空地板材料是木料的，但在最近这50年更常见使用预铸混凝土梁与砌块构筑。在现代构造中这两类楼板均会设置防潮薄膜与隔热材料，但在传统构造中就未必。

架空地板 架空地板可使得楼板缝隙通风，以保持地板与楼板间的木料干燥、防止腐朽发生。在装设架空地板前楼板应先风凉冷却，因此必须考虑通风与散热的问题。不论是有物体阻碍通风，还是不经意改动了庭院地坪高度，均会阻碍许多底层架空的楼板的通风，使得楼板结构材料聚积大量的潮气并使得木料腐朽。20世纪早期建筑物的楼板格栅并未设置任何形式的防潮层，因此在"地龙墙"或支撑它的外墙结构会产生吸附型潮湿，引发楼板格栅木料的腐朽。

理想状态下，新防潮层嵌入并铺设在楼板格栅下，但由于外地面通常较高，而使得墙与格栅接连处的吸附型潮湿增加，导致防潮效果显著变差。

假如底层架空地板的通风效能出现问题，特别是楼地板产生腐朽，此时就需要将木楼板换成混凝土板，同时将楼板内的防潮薄膜连接到新设的墙防潮层内。必须切断外墙的木格栅，将它支撑在已铺设防潮层的新地龙墙上，所有现有的地龙墙都必须同时装设格栅下防潮层。此外，在加设通风处与更换格栅板时，在格栅上铺设聚乙烯材的水蒸气抑制膜，会比新设实心楼板投注更多劳动与成本。

架空混凝土地板，在建筑物中常见由预制混凝土板、混凝土砌块梁或充填的空心黏土砌块来制作。有时采用灌浆浇注法砌筑，有时也采用"干式"做法，从20世纪50年

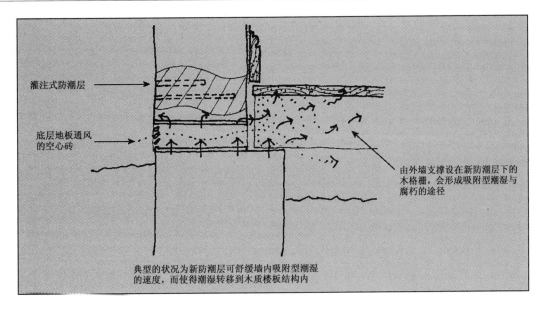

灌注式防潮层

底层地板通风
的空心砖

由外墙支撑设在新防潮层下的
木格栅，会形成吸附型潮湿与
腐朽的途径

典型的状况为新防潮层可舒缓墙内吸附型潮湿
的速度，而使得潮湿转移到木质楼板结构内

图 33　装设防潮层后木质楼板所产生的潮湿与腐朽

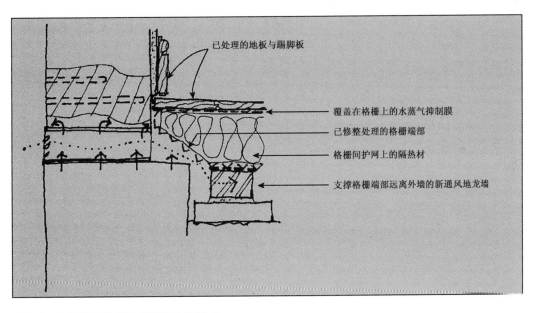

已处理的地板与踢脚板

覆盖在格栅上的水蒸气抑制膜

已修整处理的格栅端部

格栅间护网上的隔热材

支撑格栅端部远离外墙的新通风地龙墙

图 34　木质楼板装设防潮层的治理措施

代开始已逐渐被推广使用，特别适合设在坡
地的住房或人造地坪。在建造现代建筑时，
受到建筑规范约束，因此混凝土楼板在面对
潮湿问题会较传统木楼板可靠，也就是说混

凝土构件具有优势，不受潮湿问题影响。然
而，混凝土无法如木格栅楼板一般，以简易
方式进行隔热，可能就会因而遭受到严重的
冷凝结露危害。

在新方案中，常常可见以聚苯乙烯砌块替代混凝土砌块或黏土砌块来进行充填，或是设置连锁式聚苯乙烯楼板，并在梁下铺设隔热材以避免产生冷桥现象。楼板隔热的做法，是采用隔热楼板和刨花板或类似板材的"浮式楼板"来遮盖梁与砌块。为了避免产生冷凝结露，在楼板隔热材上设置水蒸气抑制膜是很重要的（详见第4章）。

实心地坪楼板　有很多的案例，不论以混凝土或其他材料制作，能接受潮湿的实心楼板，均将表面涂层移除而涂布施作为液态防潮薄膜。更好的做法是采用水基性材料而非溶剂基性材料，这样更加健康环保。通常均匀涂布2~3层，若直接移除涂层，则还需适度地采用环氧树脂进行灌注。此外，也可采用具有保护作用的水泥砂浆进行修补——通常修补的厚度至少是50毫米（2英寸）——并覆盖在新设的防潮薄膜上，将会明显地提高楼板高度。这种处理也会使得无法在楼板内设置保温隔层，不过或许可在楼板下设置加热措施来弥补，这样不仅能解决潮湿问题、改善环境舒适度，还能让楼板焕然一新。如果需要改善已经出现问题的实心楼板，应将楼板完全掀开，从基底部开始逐步处理。

在全球暖化时期，为了能有效地从楼板蓄热材中获取效能，必须设置好楼板下的保温隔热措施。倘若底层架空楼板材料异乎寻常地坚硬，建造质量检查员将会提出建议，必须钻开材料来修整或压实地基并铺洒砂石，再覆盖聚乙烯防潮薄膜，在每个重要节点加强叠合等。铺设范围需遍及所有保温隔热材料，常用适当密度的泡沫保温隔热板，上铺聚乙烯片材，再铺水蒸气抑制膜，将混凝土楼板与隔热材区隔开，在最上层再设混凝土楼板。通常构造的厚度是100毫米（4英寸），这是未加上钢筋的尺寸（必要时可

在楼板下增设加热管），最终会在楼板的表面进行涂层处理（详见图10）。传统楼板若原有像是石质板片、地坪面砖、地坪方砖、拼花木地板或其他近似材料，需在施工时保护妥当；施工前期时先小心移开，置放在旁边并在楼板最终完工后再铺贴回去，因而将会产生保留特殊深度的需求。为了保证翻修后能复原楼板原来的样子，在移置楼板材料前应先个别进行量测定位与摄影记录。不论是防潮薄膜还是水蒸气抑制膜均应铺设在墙内，并能连接到防潮层所在的高度或将防水层材料设在膜下。

舒缓型策略

这种类型策略不具备银行贷款抵押的有效保证，但是它可减少干扰并简化吸附型潮湿问题。它在传统构造中已获得一部分认同，尤其是在历史建筑中。

降低水位高度

这种做法不适用于所有案例（一般来说，建筑物地坪面的变动并不是同一屋主所为），不过在可行的情况下，可使问题变得相对简单又降低成本。减少潮湿的典型技法就是降低会影响墙体的地坪面高度，除非早已设置了结实有效的阻碍物，否则吸附型潮湿的问题就会持续存在。

当基础明显在楼板面以下时，组织基础部位的地基排水是有效的，它可使得室外地坪获得维护（详见图23）。除非基底结构是不可渗透的石材，否则排水就不应该比地基部的基础低，具有收缩特性的底层土壤应当降低水位高度，否则就会形成严重的地基沉降。地基排水设置应当是简明的，排水通道也应当经常疏通并正确使用，这样排水管就可使用数十年而无需维护。

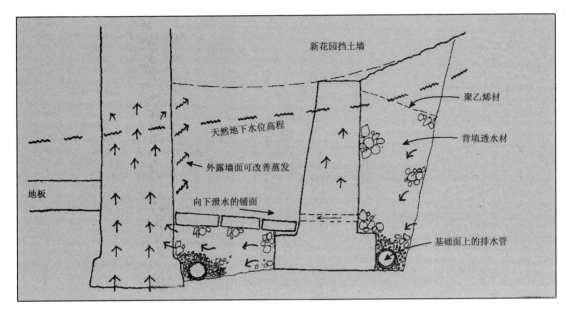

图 35　降低室外地面高度以减少吸附型潮湿

更换表面涂层

　　严重的吸附型潮湿均发生在表面涂层，许多案例可见，问题的早期症状均为表面涂层破坏。从近年来的案例可知，使用涂敷耐湿涂层材料的做法已越来越少，反而采用防潮构造的案例日渐增多。

　　较早时期的做法为更换石灰胶泥，成为水泥胶泥或后来出现的石膏胶泥。石灰胶泥较水泥胶泥具有更明显的水蒸气渗透特性，混合石灰与水泥的胶泥会较石膏胶泥具有更明显的耐湿效能。石膏（氢氧化钙）会与水产生水化反应，在现场涂敷胶泥与原石膏板的粘接面会很脆弱，无法承受较久的潮湿浸润，而无法长久维持涂敷材料的完好。

　　最近这 50 年间，广泛地使用乙烯基乳脂涂料降低了材料对潮湿的容忍度。虽然乙烯基乳脂涂料具有某些优点，但它会较非乙烯基涂料，像是传统的胶画材料与稀石灰浆等材料，具有较差的水蒸气渗透力。通常专业

装修者涂布在新胶泥面所采用的"乳胶涂料商品"，应几乎不含乙烯成分。即使新胶泥已有良好的干燥效果，但在首次装修时最好仍采用无乙烯成分的涂料。至于其他表面涂料，像是油基性涂料、乙烯面膜的壁纸或面砖，均比乙烯乳脂涂料具有较少的渗透特性。这种表面涂料若应用在潮湿墙的石膏胶泥面上，则会在胶泥材料内聚潮并促成涂膜材料的损坏。倘若涂在较耐湿的水泥或石灰基底抹灰面上，则会在未来导致潮湿吸附至墙内形成危害。

　　处理严重吸附型潮湿的传统做法，为设置木料台度嵌条板，使墙与嵌条或板间形成空气层。或将遭受潮湿危害最严重的木料拆卸，涂刷容易涂绘或适合木料表面清洗的表面涂料，这些材料也比传统的柔性稀石灰浆或水浆硬耐磨。但在更为严重的受潮处，更换支撑条板等木料可改善腐朽问题，特别是位于无明显通风排湿的潮湿环境。

图36　由于吸附型潮湿出现泛碱，使得石质楼板的表面剥落

渗透性楼板饰面

　　传统地坪楼板饰面多具有坚硬材质与渗透特性，比如：片石板、片砖、石灰夯土与木料。但近年出现的瓷砖铺面，特别是方块瓷砖，则具有很差的渗透性。因此，砖石材料就可生产具有水蒸气渗透与耐湿耐磨的楼板饰面，并与吸附型潮湿共存。木质楼板除非通风良好，不然均不耐用。此外，比较好的传统做法是将饰面铺设在碎石层上，这样做可明显减少将潮湿直接吸收至楼板内。部分欧洲地区的最新楼板规范，仍无规定在进行建筑细部处理时必须设置防潮薄膜。

　　近年来，所谓的"改善措施"，像是密填铺贴石材、楼板砖或覆盖在楼板面的片状铺地材，虽然能产生一时的现代感与清洁效果，但这做法将会在楼板内聚潮并形成潜藏腐朽，也可能会将潮湿转移到周边墙内。

　　同样地，移除饰面可以改善并恢复原有的水蒸气渗透特性。在移除饰面表层后再度密封时，可使用具有耐磨与渗透特性的蜡与油性涂料，涂敷在材料表面保护。对于石与砖构楼板，接缝处所灌注的水泥砂浆强度应较楼板材料强度更低且具渗透性，因为这样可使得潮湿水分通过接缝渗透，而非通过楼板材料。因此，盐分将聚积在接缝处而非楼板面，也就不会形成楼板表层劣化剥落的问题。

隐蔽型策略

　　在理论技术证明潮湿"可以治理"之前，掩盖吸附型潮湿大概是解决潮湿问题最早的方法了。现今对潮湿问题已有深入的认识，若要做到正确合理、不隐蔽，且能长期与完美地解决潮湿问题，认识隐蔽型策略的意义是十分重要的。

镶嵌板与挂壁毯

　　过去基于美感而将构造隐藏遮挡，采用不同形式的嵌板覆盖在潮湿墙面上，比如：木板或织物。这些材料具有某种程度的空气隔离性，因此就需增加镶嵌材料的渗透能力，将材料未来会发生腐朽的可能降至最低。但这样无法防范吸附型潮湿进入建筑物内，仅能隐藏发生的危害。因此，在环境湿度高的地方不宜使用，因为高湿度环境与霉烂气味会令人不悦，隐藏遮挡的覆面终究会造成腐朽。然而，在湿气较轻的环境，隐藏遮蔽材料后背设空气流通装置，还是可行的做法。

拉舍板（Lath）与帕拉顿构造（Platon）

纽托奈·拉舍板是针对特殊目的而研发的材料，它是一种波纹状的树脂纤维板片材，于1937年由约翰·牛顿发明。这种板材可直接以垂直波折形态钉在潮湿墙面，再以胶泥谨慎地粘接覆盖，在板顶侧与底部留设开口，就可有效地形成空气流通，来防范已存在的潮湿危害。在许多案例中，它已成功地用在不通风的防水层，并可有效地抵抗在胶泥与涂绘材料内的轻微潮湿。

在最近几十年间，相同原理也在片状塑料的"帕拉顿"产品中体现，它的样子类似巧克力盒中有一个个凹槽的塑料模板，这产品现今已有许多厂商制作生产作为"牵制性防水层"，就如同可利于空气流通的干衬板。

干衬板

简易干衬板常用石膏板或硬质纤维板固定在墙面板条上，成为最常见且廉价的遮挡手法。它可任意地进行"强化加固"，通常在有吸附型潮湿病症缺陷的墙面使用。墙内若设有防水建筑用纸或常见的聚乙烯薄膜片，可减少潮湿渗入与防止固定条板腐朽，但反而会促进吸附型潮湿吸得更高，尤其在渗透不良的室外墙面涂层，如刚性水泥抹灰层。设在潮湿环境的干衬板应为"坚固能耐潮湿的石膏板"，才能减少材料破裂的可能。质量好的干衬板能由分离间层来增加保温隔热功能，在加固的条板间以层板结合，可降低装设成本。

环境潮湿十分严重时，推荐使用不吸水的隔热材料，通常是有密闭孔洞的硬质泡沫时，若没有在隔热层暖侧铺设水蒸气抑制膜来防御层间的冷凝结露，容易在构造内部产生明显的潮湿（详见第4章）。

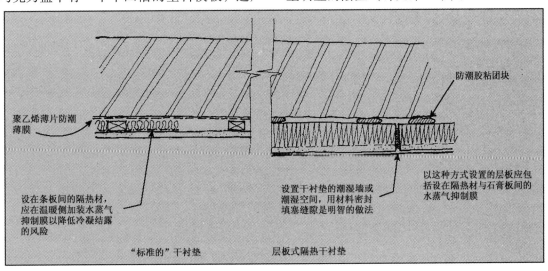

聚乙烯薄片防潮薄膜

防潮胶粘团块

设在条板间的隔热材，应在温暖侧加装水蒸气抑制膜以降低冷凝结露的风险

设置干衬垫的潮湿墙或潮湿空间，用材料密封填塞缝隙是明智的做法

以这种方式设置的层板应包括设在隔热材与石膏板间的水蒸气抑制膜

"标准的"干衬垫　　层板式隔热干衬垫

图37　可以隐藏潮湿并隔热的干衬板墙

层压隔热干衬板比如石膏片板，可采用"团块"粘接在墙面而无需依靠条板钉接。团块指的是已抹浆或压密的小块，以规整等间隔设置来粘接支撑干衬板，使它与墙间形成空气间层。采用石膏团块粘接时，不能在潮湿条件下施工，可以用具有防水特性的混凝土基材替代使用。

防水层是可防水抗压的衬垫材料，具遮挡特性。它可单独阻挡吸附型潮湿，但成本较高，较广泛地用在需要防水的环境，也可阻挡渗透型潮湿的侵害（第 3 章再论述）。

将楼板防潮薄膜连接至楼板上墙体防潮层的防水层局部做法，已在前文论述。

渗透力梯度

在所有类型的外墙构造与处理策略中，特别需要留意的是干衬板的处理与遮挡潮湿的效果须控制渗透力梯度。这渗透力梯度会受到室内外温度梯度的影响，墙外侧较内侧具有更强渗透性，因此当冷凝结露出现在冷的那一面时，潮湿的水分就较易蒸发至外部空气（详见图 14）。当墙内潮湿量较多时，采用遮蔽隐藏的做法会使得状况变得更糟且有一定危险，这就不是光靠预防或减少吸附型潮湿所能解决的了。

在第 4 章可知，冷凝结露并不是可预知的，且有时还会出现逆转的状况，因而需要强调的是，必须针对需求采取合适的解决方法。尽管对于某些吸附型潮湿所采取的遮挡做法或许是完美的，但在面对严重的情况时，则需要采取更多有效的策略来解决难题。

第3章

渗漏型潮湿

渗漏型潮湿是平日最常见的潮湿类型，虽然它的潮湿源随处可见，像是降雨、降雪与洪泛，但这并不就代表着它入侵建筑的途径容易被发现与防范。导致水分进入建筑的外力因素来自于重力与风力，其中重力因素是容易被发现与抗衡的，而风力因素则会产生难以置信的影响，它常会使水在渗入的过程中能够抵抗重力作用。由于风的吹拂作用会间歇性变换，而使得所带来的问题变得相当复杂。

建筑的"外围护结构"容易遭受水分侵入，尤其是容易发生在屋顶与墙面，但某些情况下也会出现在建筑底层。虽然建筑物的开口与接缝经常会被治理修整，但仍存在风险。对于一些最棘手的渗漏型潮湿问题在理论上都仅关注屋顶防水，却往往忽略了墙体的渗漏防治。

治理渗漏潮湿问题的原理是阻挡和转移，即避免湿气的渗入并设计安全的排水路径。

具潮湿渗漏特性的屋顶

由于坡屋顶具有天然的"排水特性"，成为在面对多数气候条件下排流雨水的传统方法。降雨量较大地区的传统民居，屋顶的坡度均较陡峭。但在较多降雪的地区，一般则采用缓坡屋顶，积雪还可以安全地堆积在屋面形成具有隔热特性的"毡毯"。

早期坡屋顶材料是茅草，在保存至今的这些茅草屋顶遗存可发现，陡峭的坡度可使得屋顶产生最小程度的浸泡与腐朽。若能在当地找到合适的薄的或易劈裂的石材，那么天然石板瓦显然就会成为更好的防潮、持久耐用的屋面材料。倘若建筑能承载屋面荷载，那么耐火黏土与最近市面所见的合成瓦片（混凝土、树脂与橡胶材料）就会比石板瓦与茅草更利于工业化生产。在满足环境气候的适应性设计时能接受的屋顶坡度，可低至12°。

过去铅、铜、锌与不锈钢板屋面材料广泛地出现在重要的历史建筑中，特别是教堂建筑。从20世纪开始薄板材料才逐渐成为建筑面材，并在英国的建筑屋面取得进展，使用的材料主要是金属板与纤维水泥板，板断面常为波浪纹曲型。然而，这种薄板材料仍然无法达到传统石板瓦与陶瓦的美感，因此压制钢材的"片状瓦"就逐渐在市场上取代当时的薄板，这种材料可减轻平屋顶覆面重量以适应社会住房需求。换句话说，设置光滑的片状铅、不锈钢或铜板等金属板屋面会耗费较高的成本，尤其是现代住宅。铅板屋面已使用了较长的时间，从罗马时期就开始使用在教堂与富豪住宅的小型屋面上，并广泛地设在披水板、天沟与建筑突出物处。

多数情况下的屋面材料细部处理遵从相似的原则，遭受问题时也可以用相似的方法来治理。然而在面对有些问题时，关于构造材料的基本特性仍需探索。

茅草屋顶

茅草屋顶为廉价劳动时期最常见的屋面，到现今已经越来越少见而成为留存在乡村地区的少数历史保护建筑。生产维护这种屋顶要付出很高的劳动力与成本，现在施工一处小村舍的茅草屋顶就需要耗费高达两万英镑，使用寿命还不长，通常麦秆的使用年限是20年，诺福克芦苇秆的使用年限也只有30~40年。这就导致陶瓦与石板瓦广泛地用来替代茅草屋顶，直到20世纪六七十年代历史建筑受到强制性法案保护后，茅草屋顶建筑才逐渐地受到保护。目前茅草屋顶的数量已从19世纪的100万幢，逐渐地减少到2~3万幢。

茅草，通常采用长秸秆、编卷的小麦秆或诺福克芦苇秆，不论从材料本身或组成构造来说基本不防水，这点与其他的屋顶材料有所不同。茅草构筑的基本原理是"转移"，虽然单个的麦秸秆既不防水也不能抵抗不同的气候，然而在陡坡屋顶上铺设紧密捆扎的麦秸秆，却能够如同海狸毛或鸭子羽毛般有效的隔水。不过茅草没有像羽毛有不可或缺的动物油脂供给，也没有自然的新陈代谢系统以对抗长期的气候变化。

茅草屋顶容易遭受腐朽，也会成为鸟儿筑巢材料的来源。治理的方法不外乎全部拆除、重新铺装新茅草，或拆卸腐朽最严重的表面材料再在所保留的内核材料面上重新铺装薄层的新茅草材料。

像其他屋顶一样，简单的形式对于茅草屋顶来说就是最可靠的。复杂的平面或剖面会形成复杂的屋顶，尤其在低坡屋面的天沟，会使得排水速度变慢而加速产生腐朽。坡度的高低是影响茅草顶寿命的关键因素，25°的茅草屋顶可维持10~15年的寿命，然而50°的茅草顶则只能坚持45年。低坡度屋顶的乡土建筑常会面临着屋顶老化失效的问题。

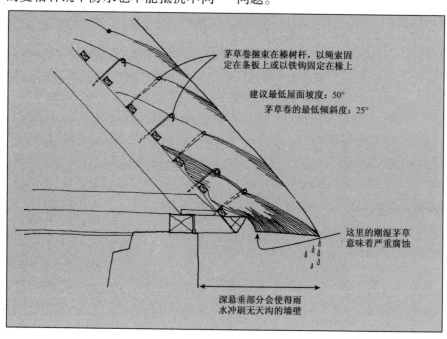

茅草卷捆束在榛树杆，以绳索固定在条板上或以铁钩固定在椽上

建议最低屋面坡度：50°
茅草卷的最低倾斜度：25°

这里的潮湿茅草意味着严重腐蚀

深悬垂部分会使得雨水冲刷无天沟的墙壁

图38　茅草屋顶——类似毛皮或羽毛的原理

雨水渗漏会使得茅草逐渐地浸湿然后腐烂，而导致屋顶结构木料的腐朽，木料会不断地从已腐烂的麦秸秆处吸水以"补充"潮湿水分。茅草的加速腐朽是个严重的问题，一旦表面开始产生损坏，材料的吸收速率就会增加，促进腐朽导致屋顶下陷而形成更多的吸水与腐烂。凹陷的茅草或被压实的茅草条带会顺着坡势滑下，而产生严重的腐朽，此时湿茅草会垂下粘贴在屋檐下的墙面上。

尽管技术娴熟的茅草工数量曾经急剧减少到只剩几百人，但直到今天仍然还有近二千人左右。除了在极少数像德文郡、多赛特与汉普夏郡等部分茅草屋顶仍常见的地区外，屋主若要维修屋顶就需要运用互联网来找寻合适的茅草工。半退休的大师级茅草工李奥·伍德（Leo Wood）经营了郡县茅草工联盟（CTA）和一个方便协助的网站〔www.thatch.org〕，在那可获得有效的建议。

屋面木盖板与木板瓦

屋面木盖板与木板瓦，通常使用的是大侧柏，但有时也会采用橡木或其他耐久的原木料，它与茅草的相似性在于均为自然生长后砍伐与回收的，而非人工生产的。屋面木盖板为将原木料锯切成上薄下厚似楔形的"瓦片"，常为 400 毫米（16 英寸）长（有

特殊需求时最多可长达 600 毫米），宽度为 75～350 毫米间不等（3～14 英寸），以双层叠合的方式搭接。木板瓦为重量较重、形状相似的木瓦，由原木劈开生产制作，因而会形成形状不规则且粗犷的外表。它们与茅草的特性截然不同，每片个别的"木瓦片"均能散排水，使得它们较耐用，尤其是进行过保护处理的材料，在多数状况下使用超过 60 年仍然十分坚固。除此之外，这种材料还可以设置在坡度低至 14°的屋顶上。

屋面木盖板是否长寿取决于所使用的原木料的耐久度与防水特性，大侧柏由于其高含油性成为生态建筑、排水与墙覆面的理想木料，也使得它适合用作屋面木盖板。它通常采用两根不锈钢或铜钉简单固定，就可便于移动调整，且可配合排水装置以维持最佳的效能。它的重量较轻，最轻可达到 6kg/m²，仅为平板瓦的 1/10，可减少屋顶结构的设置成本。

即使屋面木盖板有诸多特殊优势，但它在英国的使用是相当罕见的。仅有某些专业供货商从加拿大和美国进口，尽管到了最近几年，过去在英国限量供应的大侧柏也成了常用建材。英国的主要供货商约翰·布拉什（John Brash）专设了非常实用的网站〔www.johnbrash.co.uk〕，可供查阅材料规格与相关信息。

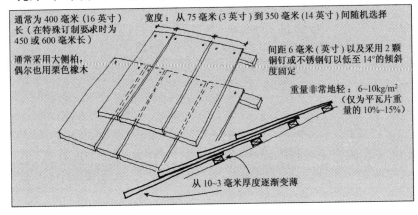

通常为 400 毫米（16 英寸）长（在特殊订制要求时为 450 或 600 毫米长）

宽度：从 75 毫米（3 英寸）到 350 毫米（14 英寸）间随机选择

通常采用大侧柏，偶尔也用栗色橡木

间距 6 毫米（英寸）以及采用 2 颗铜钉或不锈钢钉以低至 14°的倾斜度固定

重量非常地轻：6～10kg/m²（仅为平瓦片重量的 10%～15%）

从 10-3 毫米厚度逐渐变薄

图 39　屋面木盖板与木板瓦

黏土瓦与混凝土瓦

瓦片通常可分成两种类型：单搭接瓦与双搭接瓦。这两种类型的瓦均会在端部设置"榫头"，使得瓦片能勾住底侧的板条。在20世纪，瓦片上的榫头越来越多地改为用钉子固定，尤其是在易毁坏部位的周边，那里风的上升力会使得大多数的瓦片松脱。在英国标准规范 BS 5534 1990 中，根据瓦片暴露程度规定钉着瓦片的位置。不用钉子固定时，多数暴露在屋顶周边区域的瓦片常有被强风吹掀的可能，如果是恶劣的天气，即使再大面积的屋顶瓦片都可能会被吹飞。

在屋顶最易受损的部位位于屋脊、天沟与檐口处，这些部位的瓦片边缘均是裸露的，且均为双层瓦片叠盖与板片叠合形成"叠砌"，这容易导致所叠合的那半片瓦不利于维修。合理的方式是采用"一块半"的瓦片，即用切割成标准瓦宽度1.5倍的瓦片叠合，然而这样做会产生额外的费用，因此使用不广泛。在屋脊与天沟处，也常采用小三角形的瓦片来处理接合，但它们还是很容易脱落。

单搭接瓦

除了在檐口与侧边的搭接外，覆盖在多数屋顶面上的单层瓦尺寸都较大，一般为300毫米（12英寸）宽、400毫米（16英寸）长。由于单层覆盖以及较大尺寸，使得这些瓦片的重量要轻（通常混凝土瓦是45kg/m²、黏土瓦是35~40kg/m²），这样就可快速铺设且价格也相对便宜，缺点是仅仅一片瓦受损或滑落均会导致雨水渗漏。单搭接瓦可借由特殊塑型瓦来改善材料强度，使得可设在侧边搭接的檐口处。在英国最简单的传统塑型瓦是曲板瓦，它可搭接双拱或三拱罗马瓦，尤其是在西部的布里奇沃特（Bridgewater）附近生产的。混凝土瓦的生产商也都遵循同样的模式生产，而逐渐地发展出可适应较低屋顶坡度、增加耐候性与经济性的产品。

桑托福特（Sandtoft）公司重新引进了黏土与混凝土两种材料的双拱罗马瓦，同样也研发出更精致的黏土曲板瓦，以适用较低坡度的屋顶环境。

图40 特别宽的板瓦片须在天沟与屋脊处强固安装，否则小瓦片就易滑落

图 41　单搭接瓦——曲板瓦、
双拱罗马瓦与连锁式瓦

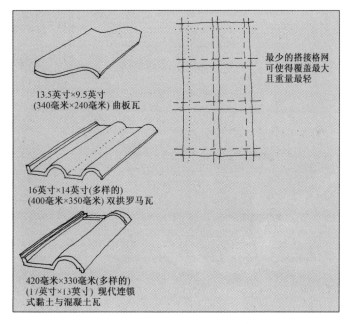

13.5英寸×9.5英寸
(340毫米×240毫米) 曲板瓦

最少的搭接格网
可使得覆盖最大
且重量最轻

16英寸×14英寸(多样的)
(400毫米×350毫米) 双拱罗马瓦

420毫米×330毫米(多样的)
(17英寸×13英寸) 现代连锁
式黏土与混凝土瓦

图 42　三拱罗马式布里奇沃特
黏土瓦

双搭接平板瓦

双搭接平板瓦采用双层瓦片覆盖在屋面，且在端头处搭接三层。相邻瓦片接合处的保护做法是将瓦片以一半宽度逐层叠合形成叠砌。这种瓦片较典型的单搭接瓦片小，历史上曾是 6 1/2 英寸宽、10 1/2 英寸长，这是在英国爱德华四世执政时所制定的标准尺寸，而现今的公制尺寸是165毫米宽、265毫米长，通常在宽侧边处会有些微的翘起。

图43　图中与图右为连锁式混凝土瓦，图左为混凝土平板瓦

外加的瓦片叠层会使得双搭接瓦的重量较重（黏土瓦约为 65kg/m²、混凝土瓦为 70kg/m²），但瓦片的叠搭可使得瓦片在受损或移除屋顶前，屋顶可受到适当地保护。传统平板瓦屋顶的最小坡度：机制瓦是 35°、手工制瓦是 40°，而黏土双拱罗马瓦须有 30°，现代黏土曲板瓦则可降到 22.5°；具有精致瓦头与侧边搭接处理的现代塑型混凝土瓦，可允许坡度降低至 12°。

瓦屋顶的雨水渗漏问题通常是由于屋瓦的坡度过低。在严重的案例中，过低的屋瓦容易着生苔藓，且常会因冻融破坏而失效，这些缺陷直到遭受暴风雨雪的袭击后才会暴露。

A　　　　　　　　　B　　　　　　　　　C

图44　桑托福特的新式"布里奇沃特"黏土双拱罗马瓦（〔A〕图左），混凝土双拱罗马瓦（〔B〕图中），曲板瓦（〔C〕图右）

图 45　双搭接平板瓦

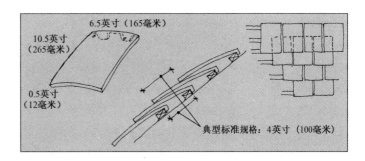

6.5英寸（165毫米）

10.5英寸
（265毫米）

0.5英寸
（12毫米）

典型标准规格：4英寸（100毫米）

传统黏土曲板瓦通常粗制滥造、施工水平很差，常用在农场建筑上。因为这类建筑需要大量的通风，而不是一个围合的房子。在一场暴风雪后的某日，我曾小心翼翼地铲开一处未铺设衬垫毡的曲板瓦房木条板与天花板上的积雪。在那阁楼里已见不到衬垫，只剩下少许的曲板瓦，因此在那室内根本就不需要手电筒来照亮，因为室内已透入大量的日光！

板瓦

板瓦的铺设与双搭接瓦一样，均为两层板片厚度，且在瓦头搭接处会设置三层。在某些特定地区的石板瓦，比如：波倍克岛、科茨沃尔德丘陵、康沃尔、威斯特摩兰郡、与约克夏、苏格兰部分地区，均会以相似的做法铺设。但为了保证最经济的原则，常采用各种不同尺寸的板片并以逐渐缩小的方式铺设，最大块的板片会铺设在屋檐口，而最小的铺设在屋脊。

选择合适的石板片来制作密接叠盖的屋顶，需要拥有相当精湛的技艺。同样，采石、切割加工与表面修整也需精确。因此，从 20 世纪开始，天然石板的加工变得越来越昂贵。在威尔斯、科尼斯与威斯特摩兰郡所生产的石板片，因天生就具有平滑与可均匀劈裂的特性而作为建材，后来也都因加工成本提高而逐渐地变成高成本的材料。虽然二手的天然石板在英国的市场价格仍具有一定的合理性，但还是严重地受到人造替代品的低价冲击，以及来自西班牙、南非与中国的低价天然进口石板的影响。

因屋顶瓦片缺陷所导致的潮湿渗漏，能分成"构件失效"与"系统失效"2 类。

图 46　图右侧为黏土平板瓦，左侧为现代轻质单搭接瓦：注意尺寸与叠盖的差异

图47　黏土曲板瓦的铺设角度过低会利于苔藓生长与冻融破坏，而产生严重的渗漏

图48　石板片以"逐渐缩小"的方式铺设

构件失效

　　构件失效是由于瓦片受到气候因素作用后，材料老化或物理裂损所产生。当然，也有来自建筑高处、相邻建筑、附近树木、掉落的碎片撞击等偶发因素所造成。构件的缺陷通常很容易通过肉眼发现，比如：破裂的石板瓦脱离固定钉滑落屋顶，或黏土瓦表面因冻融而崩裂破坏。对于陶瓦与石板片，叠盖表面会比完全暴露在大气的部分毁损速度来得快。在检查屋顶的瓦片状况与评估可再利用的可能时，直接淘汰具有明显裂痕且已脱离的瓦片，其余的瓦片则可利用金属工具轻敲，通过听"材料结构回声"来检查。一般会使用瓦石材专用钩或锤撬开敲击，完好的瓦板片在轻轻地"敲击"时应该会发出尖脆的声音，有缺陷的瓦板片就会发出沉闷、无力的声响，这些瓦板片就不应再用。即便采用二手替代品更换的价格依旧不低，将有瑕疵的板瓦片重铺的做法还是错误的，因为它们必然会在几年内就再度地毁坏，且还需要更昂贵的方式来进行个别材料的更换。

　　当缺陷失效的材料数量或出现频率达到

个别材料的维修不再经济的临界点时，采用重铺屋顶的做法就可使得治理的问题变得单纯。由于现今人工劳务成本所占多数屋顶重铺作业的成本比例日渐提高，因此确保施工工艺的制作质量与施工细节达到高标准是合乎情理的，如此才能使得构造长寿。英国标准规范 BS 5534 2003 是一份针对所有传统屋顶铺设很好的 DIY 参考基准，在里面既有建筑设置规定也有工程指引。在设置合适的铅质金属盖板来替代任何烟囱、顶盖或支柱灰缝饰线的做法都应当规范限制——铅薄板协会有一本很好的施工细部手册可提供参考。

屋顶铺设好的基础是适宜地铺设衬板或"衬垫"，因为这种设置可提供给板瓦片长期的结构支撑，保护建筑物抵抗严重的暴雨雪渗漏，也能够防止由于个别瓦片的遗失或破损所造成的潮湿渗漏。可能的话，可在屋顶设置空腔，也就是将热隔绝在椽子间，建议在构造间使用具有水蒸气渗透性或"可呼吸的"衬垫，而非传统的强化型沥青"石纤维"油毡（详见第 4 章）。

本书中提出了许多针对部分构件失效所采取的治理方法，比如更换滑落的板瓦片，这样做会比重新铺设屋顶节约更多的成本，因为人工成本仍为治理作业中最大的一部分成本。如果一块板瓦片仅是滑落而非破损，说明导致滑落增多的原因为系钉的锈蚀。从 20 世纪开始板瓦片系钉已开始使用镀锌防锈钉，现今则使用可增长寿命的不锈钢钉或合金钉。当系钉普遍锈蚀时，就认为系钉得了"钉病"，此时重铺板瓦片是唯一有效的延长屋顶寿命的方法。

胶着系统　有些铺顶工与专家在市场推广粘着性固定衬垫片，它可以粘贴在板瓦片下侧修补瓦片，就不用大规模重铺瓦片。粘贴的有效性根据胶黏剂材料的有效年限与作业胶粘时的施工质量而定，倘若这两者的条件均良好，那么铺贴的衬垫与条板就是坚固的。这种做法提供了一种隐藏的修补方法，适用于处理历史建筑中单板瓦片的滑落，特别是在屋顶坡面里侧且铁钩不易施工的状况。也可以使用聚氨酯泡沫接着，这时须严谨地将接着剂滴在每个板瓦片的里侧。

在屋顶里侧大规模地使用喷着泡沫的做法是非常不好的，但常常出于各种目的在市场被推广以解决屋顶的失效问题，这种做法会将屋面的隔热层与更换的防水层永久地粘合。毫无疑问，全盘使用聚氨酯泡沫可粘接所有的板片、条板与屋顶盖，也可提供给屋顶空间些许的隔热效果。25 毫米（1 英寸）厚的聚氨酯板片相当于近 40 毫米厚的矿棉隔热毡，但它的效能会随时间逐渐地退化，"胶结垫"的长期使用效果受到屋顶木料与重铺屋顶施工的双重影响。条板与椽子的叠接在理论上表示椽子顶部不会被泡沫覆盖，但也说明着任何渗漏进入瓦片内的潮湿水分将会侵入泡沫下侧的"毡毯"并聚积，将会影响上侧的条板与椽子。从这案例可知，条板处在相当糟糕的境地，常会因泡沫板材的使用反而加速腐朽。虽然它的功能可以被泡沫材取代，但腐朽问题却会扩散至椽子与其他的屋顶结构。由于泡沫板材为内衬的，因此造成腐朽后的现象不易察觉，问题直到结构倒塌时才会被发现。

胶着法的另一个缺点是所破损的板瓦片很难再作为可再生利用的资源，显然它更适用于使用清漆或有色塑性涂料来粘接材料与铺设屋顶防水的覆面处理。这做法目前已有效地使用在波浪薄片材，像是工业建筑所用的钢板与石棉水泥板中，修建时可以就地更换新材而不致中断下面的施工作业，十分便利，且屋顶可以有长达 10 年或更长的寿命。

图49　设在南向屋顶坡面上开展的铅"夹片"会使得板瓦再次滑落

要说哪点可以称得上这种治理方法的优点，那就是屋顶的气密。事实上，气密还可能会引发或增加冷凝结露的可能，造成木料腐朽与明显的构造潮湿，除非在屋顶空间内设置充沛的新通风（详见第4章）。因此这里并无硬性要求要采用泡沫或涂层的处理做法，除非仅仅是进行暂时的修缮，对于大多数的屋顶这做法最终还是会被弃置的。

夹片与瓦钩　这是维持长期稳固的必要设置。有许多的石板瓦为采用铅条"夹片"来固定，但夹片在经历几个炎热夏天后就会"变形扩开"，特别会发生在南向坡面上，通常屋顶维修工要么就是视而不见，要么就是好好地进行改善。铜夹片比铅片使用持久，但会受到天候作用而产生显眼的铜绿。在一般钉接屋顶上个别更换板瓦片时就应当采用不锈钢钩，对于标准的铺板瓦作业，铺设时常使用可便利地取下的黑色镀膜不锈钢钩；对于铺设特殊的板瓦片，则须使用粗径的不锈钢线弯曲制成合适各种尺寸的板瓦钩。在完全重新进行更换板瓦片时，可用瓦钩来代替瓦钉而得到更长的使用寿命。采用瓦钩可

图50　黑色不锈钢板瓦钩：利于个别板瓦更换的最好固定方法

避免高劳务成本与在板瓦上挖钉孔的缺陷，可用活动浮式的方式来定位板瓦片，以强化抵抗底部边缘的扬升风力。目前市面有种特殊的"织物"可用来钩固屋顶，但这种材料目前还无法被历史建筑维护的作业人员所接受，因此历史建筑维护的屋主在装卸屋顶采用瓦钩前，需先进行谨慎详细的咨询评估。

个别瓦片更换　个别的屋顶瓦片更换是可直接处理的，由于瓦片是被凸棱所固定定位的，因此对于个别缺失或毁损的瓦片更换，可部分地松开临接的瓦片并斜滑装设新瓦至瓦缝中，使得新瓦的凸棱再度地咬合挂瓦条。较难更换瓦片之处位在靠近屋脊、戗脊、檐口与天沟，由于那里的瓦片已被抹灰砂浆胶粘或钉接固定，以防止毁损的瓦片脱离与异物插入。在这状况下，就可能需要多移开几片瓦片或"依靠"未被固定或钉死的瓦片来进行。虽然，抹灰砂浆的残渍的粘固会使得个别的屋脊、戗脊或天沟瓦片很难更换，但也常可见到现场的老旧砂浆粘着力降低的状况，因而使得瓦片可易于移位。

抹灰砂浆固定与干式固定　铺瓦时在哪种状况要选择使用抹灰砂浆固定或采用"干式固定"其实是件困难的事，因为这并没有完全绝对的答案。干式施工的细节处理着重在速度、准确性与寿命。典型的干式固定构件为瓦材（比如：黏土瓦、混凝土瓦）与使用混合紫外线稳定剂的硬聚氯乙烯（uPVC）支固材。这特殊的硬聚氯乙烯材可保护支固材抵御阳光照射所产生的材料降解问题，并具有可容许构造接合处有限度移位的特性，但事实上这做法的预期寿命还无法明确地展现出可超越抹灰砂浆的优势。在进行干式固定黏土瓦或混凝土瓦构件像是屋脊、檐口与戗脊瓦等时，可使用塑料基底框嵌入固定瓦片以减少砂浆的使用。

图51　滑动更换的瓦片至凸棱可固着处

图52 装设在干式固定屋面的混凝土檐口瓦

图53 装在聚氯乙烯檐口的山墙封檐侧板与檐底

抹灰砂浆对于传统覆瓦屋面、屋脊等须再利用的作业具有明显的优点，在斯堪的纳维亚地区，屋瓦打底材料采用软性不硬化的"油灰"，这做法较适合移动瓦片，但在英国并未获得成功的市场推广。此外，对于铺设混凝土瓦，一般的认识是采用普通硬度的1（水泥）：3（砂）抹灰砂浆，但在铺设黏土瓦、石板瓦与屋脊等，则采用1（水硬石灰）：3（砂）的砂浆才是较佳的选择，这个配比的砂浆具有弹性，且在最终卸下瓦片后的原铺瓦片还能再重新利用。

图 54 岩棉水泥檐口装设在被重新涂装丙烯酸粗质地涂层的金属屋顶覆面上

图 55 设在封闭新混凝土瓦与旧石棉水泥薄板缝隙间的聚氯乙烯檐口。建筑左侧将钢板覆面更换成砖嵌缝面，右侧则为丙烯酸涂层钢板覆面

历史建筑的屋顶若采用显眼的塑料构件似乎是无法接受的做法，但在某些案例中可见传统的铅制细构材还是可接受成为"干式固定法"的配件的。此外，对于砂浆打底层的处理，将裸露的砂浆面涂刷成石板瓦或陶瓦同色调面是较适宜的做法，通常黑色可适合涂装在普通石板瓦处，而红棕色则适合在陶瓦。

在曲板瓦的"曲凹处"或在屋脊瓦下的其他异型瓦的大面积抹灰打底层，常因斜度太大而形成脱落。对应这问题的传统细部做法为嵌入"瓦片嵌条"来减缓砂浆的膨胀作用并降低砂浆的伸缩性。

构造失效

构造失效问题多因不良的细部设计、工艺技术或材料使用所产生。在老旧建筑中最常见的问题为发生在屋顶边缘的渗漏，屋顶边缘的镶边抹角常以廉价砂浆取代铅防水板，因此不可避免地容易在边缘产生起皱、开裂与脱离的问题。通常镶边抹角处的粘着

图 56　屋面边缘处的裂缝与破损或易于渗入不易被目视发现潮湿的砂浆抹角

性较低，尤其是粘着石板瓦片，会使得粘着处容易开裂，而导致潮湿水分无预警地渗入造成木料腐朽，特别是位于台基或烟囱附近的环境。在腐朽木料附近的砌块就如同水库的蓄水作用，在降雨时会吸收潮湿水分，后会逐渐地向邻近的木料渗透扩散，而促使木料腐朽。即使设置披水板，也会因粗糙的工艺技术或锈蚀等缺陷，而使得失效问题随处可见，特别是镀锌板材。

铺设屋面衬垫是项重要的作业，也是维修屋面时最重要的项目，特别是更换旧衬垫成为目前常见的水蒸气渗透衬垫，这种材料可改善传统沥青油毡的冷凝结露问题。

图 57　覆瓦铺设坡度过低会造成下方铺设的木料浸湿饱和与腐朽

衬垫层　维多利亚时期与后期建筑的屋顶，常见在铺设沥青油毡衬垫前会在椽子上铺盖木板，以增加屋顶结构的稳定度与提供气候防护，特别是抵御降雪危害，然而这样设置却无法有效地防范因裂缝渗水所产生的防水问题。过去传统的屋面常见以石灰胶泥中混入麦秸秆，或者在椽子间"涂灰泥"的处理，这种做法会降低减少穿越屋顶结构与空间的流动空气。假使屋顶阁楼有人居住，则空气不流动的问题或许可克服。但若长期使用，则腐朽木料所产生的污染问题对于人们的健康也并非是有益的。倘若屋顶没有进行适当的维护，一旦瓦片掉落且没有充足的通风导入使得环境快速干燥，则易吸收潮湿的垫层就会变成一处潮湿腐朽的温床。

在屋顶维修时，若原铺设的木盖板与抹油灰因历史建筑或结构原因仍需保留，将水蒸气渗透衬垫铺盖在木盖板上侧则是一项重要的处理做法，同时还须将挂瓦条钉在顺水条上，并直接平行地固定在椽子上。只有这样做才能顺畅地设置排水，使得任何渗入屋面的潮湿水分能彻底地沿着条板排出檐外。水蒸气渗透衬垫可利于因裂缝渗漏的渗入潮气干燥，以减少冷凝结露的发生与木盖板受潮。

望板　除非有结构需求须设置框架坡屋顶，不然一般很少见到在屋顶上装设木盖板或"望板"。一般工程师或施工人员对于装设胶合望板或许会有这样的建议，除非有绝对的必要，要不就应当拒绝使用。胶合板，由于胶结层会严实地阻隔水蒸气，因此应尽量减少设在屋顶结构的冷表面，以避免产生冷凝结露。但当胶合望板设在屋顶结构层外能使得潮湿的水分蒸发时，或许就能接受。胶合板若设置正确反而还可产生抑制水蒸气的作用，做法为将板料设在隔热材的温暖面。

倘若需设置具结构特性的望板，则建议采用具有水蒸气渗透与抗湿能力的纤维板，像是 Bitvent 与 Panelvent，它们能提供足够的企口接合强度。此外，也需在不易维修处铺设方软木板，按对角方式铺设并用螺钉固定。

设置望板还需结合历史、美学或经济等因素。由于覆盖屋瓦的缓坡屋顶无法起到有效抵抗风雨侵袭的作用，因此所铺设的屋面衬垫就须担起如同屋顶隔膜的功能。我曾于几年前在约克郡雕塑公园中面临过如此的挑战，那幢历史建筑已被改建成单坡屋顶，紧靠在从地面升起的一堵长条、曲线的花园墙旁。为了控制建筑物屋顶低于公园墙顶的高度，在维多利亚时期建造者就已经构筑 14°坡度的石板瓦屋顶，紧靠着道路而斜坡面则顺应着地势，导致建物整体形成曲线型平面,这表示着石板瓦没法完全密接而形成全

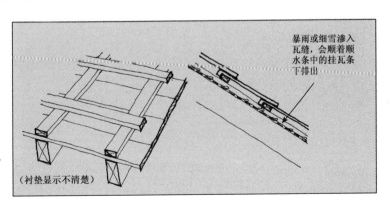

暴雨或细雪渗入瓦缝，会顺着顺水条中的挂瓦条下排出

（衬垫显示不清楚）

图 58　设在铺盖木板或紧绷衬垫层上的顺水条

图 59　铺设非常和缓坡度、曲线的石板

盘防水。这建筑在 20 世纪 90 年代时就被转成美术馆使用，转型使用时仅设置衬垫油毡，使得当时频繁的裂缝偏布着建筑物威胁着车间与马车棚，需要有效的解决处理策略。

为了配合曲线平面与紧邻道路的坡度，屋顶铺设窄条、绿色的松木板，在三维空间中可弹性弯曲成曲型。在屋顶构造中放射状铺盖双层水蒸气渗透衬垫，并且搭接在路上以适应道路坡度。顺水条则倾斜辐射方向铺设，顺应结合着坡度与道路起落，旋进木盖板与椽子叠合。

在这个案例中可见，屋瓦可提供视觉修饰和作为衬垫的机械性与紫外线防护，而衬垫仅提供可信赖的防水。然而也就因为如此独特的案例，才能体现说明下页列表因屋顶坡度差异而需投注的复杂工序与成本关系。

屋顶空腔通风与渗透性垫层　在多数案例可见，非居住用途的坡屋顶空间直接将油毡衬垫非紧绷地铺盖在椽子上，使得衬垫在两椽子间些微下垂，如此可利于排除条板间的水。

若屋顶设置传统强化沥青油毡衬垫，需考虑在屋檐、屋脊、山墙或屋坡面设置孔洞来进行通风。因此，若屋面要维修与重铺衬垫，则设置通风孔的成本多会超出设置水蒸气渗透衬垫的成本。

52

图 60　两方向的倾斜，需要精心制作衬垫以维持干燥

表 1	
铺设不同材料的最小屋顶坡度（角度）	
茅草顶	50
手工制平板瓦	40
机制平板瓦	35
黏土曲板瓦	35
黏土双拱罗马瓦	30
混凝土单搭接瓦	22½
连锁式黏土曲板瓦	22½
天然石板瓦（500×250 毫米）	22½
天然石板瓦（600×300 毫米）	17½
人造连锁式石板瓦	15
雪松/橡树/栗树屋面木盖板	14
连锁式混凝土瓦	12½
异形金属片覆面	4

续表	
铺设不同材料的最小屋顶坡度（角度）	
固定式拼合金属片覆面	3
单层膜与油毡	2

对于已铺有非渗透性油毡的现存屋顶，在建筑规范（F2 部分）中则规定不同屋顶坡度的通风需求，以提供建材供应商或屋顶构材制造商关于装修需求的建议。

倘若屋顶空间需作为居住功能的使用，且需要沿着椽子进行空间隔断，在重铺屋顶时将水蒸气渗透衬垫与顺水条紧绷铺设在椽子上侧的做法是合理的，如此可得到挂瓦条下的净高空间。采用顺水条重铺屋顶时，需抬高屋瓦面 1 个顺水条的厚度，通常为 25 毫

图61 传统的沥青衬垫油毡，铺设在椽子间下垂、条板下以利排水

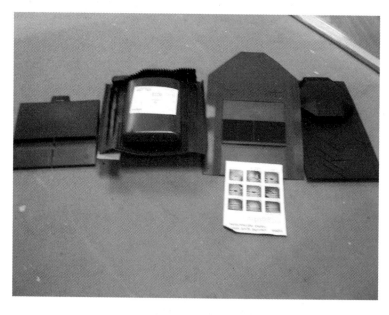

图62 装设在通风管、排风扇或屋顶空间设简易通风管的屋顶通风设备：（左）适用在平瓦与异形瓦；（右）适用在石板瓦

米（1英寸），或也可为19毫米（¾英寸），可减少屋面设置构件的困难。

在已有的沥青油毡垫层下与椽子间设置隔热层时，则需在隔热材与油毡间留设最少50毫米（2英寸）的空气间层，如此可使得空气有效地流通以排出潮气。但这做法在对于有限净空高度的阁楼使用时，就会形成缺陷，也可能会导致隔热效能降低。

在英国传统坡屋顶铺设衬垫层的铺设搭接尺寸为150毫米（6英寸）宽，衬垫需顺着坡度平行椽子紧密铺设，才可使得叠合搭接有效。

沥青衬垫可紧固地铺设在叠合搭接处，由于材料较为坚韧厚实而使得衬垫在强风环境中能维持稳固。然而，渗透性衬垫则较薄、质轻且易弯曲，在强风环境中会面临着被吹掀呈波浪起伏或飘动的风险，尤其是当衬垫在椽子间垂下，且位于暴露较多的屋檐处所产生的风险较大。如此的晃动会产生噪音并让人感觉不舒服，严重时则还可能会导致材料疲劳。这就是为何渗透性衬垫需在顺水条下侧紧绷装设的原因。

为了减少穿透屋顶的热损失，以胶带气密封固渗透性衬垫的搭接处，可明显地减少屋顶空间的通风换气，但也会产生不利水蒸气透过的状况。以胶带粘贴衬垫会产生褶皱是必然的可能，但若能紧绷粘贴则才是最佳的做法，如此才能得到较佳的气密效果。

需留意设置戗脊与天沟的双层衬垫做法，为屋顶坡度产生变化时的铺接特例，均需分别铺设不同长度的衬垫在戗脊或天沟处。铺在天沟处的衬垫需设置在正常的衬垫层下，而在戗脊的则需设置在其上部。

披水板　英国传统的优质披水板材料是铅薄板，它有不同的厚度，常见的规格是 Code 4 或 5（1.8 或 2.24 毫米）。铅板的优点是具有延展性、耐久性与可焊性，这些效能难以等同而论，尽管它有毒性而使得环境认证不佳，但废弃的材料普及回收后就可使得这个问题缓解。话虽如此，直到今日仍未研发出有效可取代塑料的替代品，目前在市面上所常见采用的泛水板是一种粘合沥青片与铝箔的夹心板，它是目前可见最佳的替代材料。此外，过去还有其他的金属板材可被采用作为泛水板，有铜板、不锈钢板与铝板，这些板材在现场均难进行加工，导致在使用时的价格昂贵。锌板在过去曾被普遍地使用，但这材料较不耐用现今已经少用，尤其是在污染的大气环境中，但现今市面上有出现与钛金属合成的合金板材，可改善缺陷。

在墙面、烟囱、采光天窗与其他屋面交汇处的屋面连接处，需使用可弹性设置的金属披水板以产生较佳的憎水效果。披水板需全盘地整合、保护在屋顶构材中，像是使用防漏嵌条与鞍形座板就可获得较佳的效果，因此 Code 3 的铅板（1.32 毫米厚）常被规定作为防漏嵌条的使用。披水板所产生的失效缺陷，均发生在暴露在天候最多处，比如：所遮盖的披水板常会被强风吹翻掀起或吹走。它与砌体接合的接缝处也是构造的弱点，传统细部的作法中应将铅板片边缘折叠，并将已折叠的铅楔片嵌入砂浆接缝处，

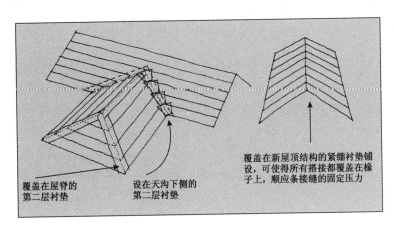

覆盖在屋脊的第二层衬垫

设在天沟下侧的第二层衬垫

覆盖在新屋顶结构的紧绷衬垫铺设，可使得所有搭接都覆盖在椽子上，顺应条接缝的固定压力

图 63　屋顶衬垫层：位在戗脊与天沟处能全面保护的双层衬垫

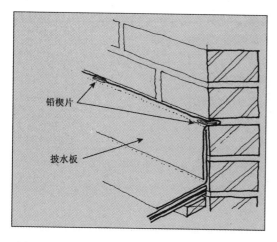

图64 铅披水板能紧嵌入砂浆接缝并以铅楔片槽嵌固定

接缝的缝隙再以砂浆抹灰充填。由于铅板片的滑动与砂浆不易粘合的特性，使得铅板片容易因金属疲劳而产生松动与楔口脱移，甚至与抹灰砂浆间产生松动脱落。现今已有规范规定可使用替代抹灰砂浆的硅胶粘剂，硅具有非常柔软与可定着韧性的特性，在风压负荷下铅板也能紧固密封材料，直到目前没有

出现比硅胶更好的粘接材料。

良好设置的披水板可有效使用10年，远远地超出砂浆抹角的预期寿命。倘若已装设披水板而渗水问题依然存在，则很可能是由于拙劣的工艺技术或不正确的细部设置所导致，也可能是由于锈蚀所产生，特别是锌制品。这问题会较早显现在材料表面，但严重的会发生在披水板的隐蔽处。虽然这似乎是一般的常识，但也常会在叠合处见到让人吃惊的不正确处理状况，举例来说：在屋顶女儿墙或空腔泄水板的接缝处，常见因缺陷而导致雨水渗入挡水板下侧，而非排出或滞留构造内。

在进行屋顶增建时，增设的空腔泄水板较为费工、成本较高。因此在较多外遮挡的环境，屋主或施工人员或许就可能会选择不设置，如此或许能满足部分的气候，但也或许无法。此外，对于实体墙所设的空腔泄水板常以简单的方式嵌入构造体内，倘若构造施工不良，则潮湿水分就可能会越过披水板而直接渗漏至室内。

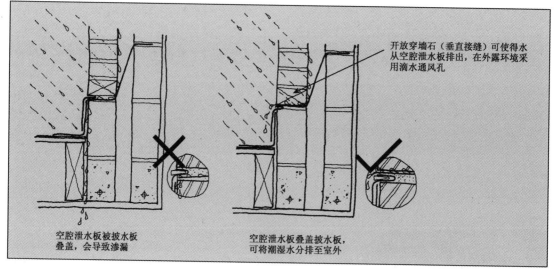

图65 空腔泄水板的关键细部处理

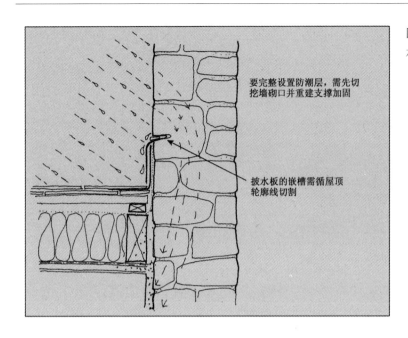

要完整设置防潮层，需先切挖墙砌口并重建支撑加固

拔水板的嵌槽需循屋顶轮廓线切割

图 66　嵌入实体砌体构造的拔水板，仍会被强烈的暴雨战胜

烟囱、天窗、老虎窗与通风管

屋顶上无论构建哪种会影响屋瓦完整叠盖的穿插构造，均会产生潮湿渗漏的威胁问题。

烟囱

烟囱是典型具有排烟功能的构件，它很容易成为雨水侵入的入口，除非将烟管口盖住。明火式烟管为全开放式烟管，依靠拔吸的方式通风，并利用热量来防止烟管里逐渐积累的潮湿。过去较讲究的烟囱设计可见在烟管内设置弯曲构造，以防止雨水直接落入壁炉内，但雨水会落至烟管壁上。过去有许多曾经依靠明火取暖的建筑物，由于日渐淘汰到后来可能就只剩下一处使用或全体废弃不用，所遗留下来的烟管就会成为潜在的雨水侵入口。

假设所遗留的烟囱高过屋面，正确的处理就是清理烟管、设置雨拔在烟囱顶管上，并将可通风的孔洞或壁炉封闭。毁损或遗失

通风格栅的烟管，表示无法永久关闭。假如无法接受烟管通风也无替代方法时，将烟囱拆除至屋面高度下为较佳的做法。

虽然控制通过烟管的气流与热损失是重要的课题，但值得思考的问题是夏季时烟管通风是否可提供环境效益。对于面对全球暖化问题的持续升温，屋主应当仔细思考是否他们所拥有的烟管终究还是无法面对未来。

老旧废弃的烟囱将会透过烟管壁吸收雨水，形成明显的潮湿问题，影响顶层的房间。设在砌体烟囱的高质量铅拔水板，可遮挡高过屋面的雨水。然而，有许多烟囱并未设铅拔水板，仅依靠屋面砂浆抹角与突出的砌块层来遮挡落入屋面的雨水。当在重新修砌的屋面上增设铅拔水板时，应将拔水板嵌入构造设置，但由于烟管高处的暴露较多，因此潮湿渗漏的问题依然会存在。

长期燃煤沉积的硫酸盐与潮湿水分结合后，会在未设内衬的烟道里产生严重的酸腐，造成砂浆接缝处膨胀并丧失黏着性,因

图67　在废弃烟囱顶管上设置可通风的防雨帽

图68　烟管的砂浆抹角周边常是产生潮湿渗漏的地方

此需要重建烟囱。由于烟囱通常会在某侧接触暴雨较另一侧更多，因此产生硫酸盐危害病症的现象常会发生在大比例勾缝的砖构内，也就是会产生砂浆接缝的某侧较另一侧膨胀得多，而成为弯折变形的烟囱。由于受到暴雨的冲刷影响，会使得构造更加脆弱而产生更多的孔缝渗漏，并促使腐蚀加速与构造崩解。

天窗

我们都已经很熟悉维鲁克斯（Velux）的产品，号称屋顶天窗领域的"吸光器"，它的名声导因产品的可靠度与细致的细部。

图 69　硫化合物会侵入砂浆勾缝产生不均等膨胀导致烟囱"弯折"

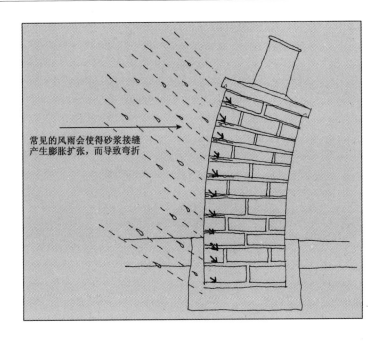

常见的风雨会使得砂浆接缝产生膨胀扩张，而导致弯折

　　尽管在英国已有数以百万计的建筑是在维鲁克斯产品出现前所修建的，且这些建筑多有屋顶天窗，可从最早的小窗格玻璃或设在阁楼顶的玻璃瓦，到非常精致的金属框架、多窗格屋顶天窗。在传统的屋顶天窗中，潮气渗透多从周围的披水板渗漏而来，通常在潮湿的现场可见到相当粗糙的构造处理，潮湿水会渗入玻璃窗的油灰腻子填缝形成渗漏。

　　当屋顶天窗产生严重裂缝，在重铺屋面时最简单的处理方法就是全面更换成现代的屋顶天窗，这样就能廉价地解决问题并提高建筑效能。然而，在某些历史建筑案例可见，有某些环境不适合设置如同维鲁克斯的这种"现代屋顶天窗"，而迫使屋主考虑使用"具有历史风格的屋顶天窗"，这种天窗多为仿照维多利亚风格设计的产品，在某些细部进行修改后就能装设双层玻璃，可从窗框上收集排放冷凝结露水，就能保留与修复原本的采光天窗。这种传统天窗可采用氯丁橡胶垫片填塞与硅密封胶封固来改善原本的

油灰腻子，保留的金属框采用喷砂清理或剥离后清除锈渍、再进行镀锌或上底漆等的涂饰处理。

　　决定设置屋顶天窗的评价难处，是所投资的维修成本与所获得的效能。开放式屋顶天窗易于维护，而传统旧式的粗糙采光口仅能接受增设防风条来改善。因此要更换单层玻璃成为双层玻璃就会产生困难，但可透过阶梯式叠板处理，也就是叠合的外侧窗玻璃板片较内侧板片更大，以原方式设在玻璃槽口处，就能解决问题（详见图 70）。

　　除了窗玻璃的密封外，位于屋顶天窗的窗框与周边屋面接合的披水板接缝是会产生脆弱的裂缝处。在进行细部设计时须遵循与其他屋面渗漏处理相同的做法，在屋顶天窗端部装设天沟披水板，可将水导排到各边的披水板外，再以底部披水板将水排出至屋面外。多数的预制屋顶天窗披水板多为压制铝板制成，可配合塑形瓦设置，但现存的屋顶天窗披水板多数仍是铅制产品。

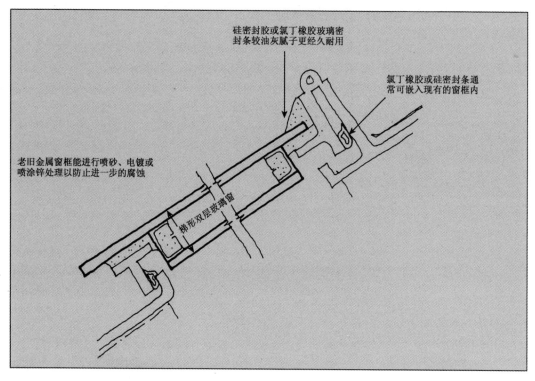

图70 梯形双层玻璃窗装在老旧的单层玻璃天窗上可提高效能

（图中文字：

硅密封胶或氯丁橡胶玻璃密封条较油灰腻子更经久耐用

氯丁橡胶或硅密封条通常可嵌入现有的窗框内

老旧金属窗框能进行喷砂、电镀或喷涂锌处理以防止进一步的腐蚀

梯形双层玻璃窗）

老虎窗

老虎窗通常会从屋顶"突出"如同屋顶天窗般，然而会更像一个落在屋顶上的小构筑物而非仅是窗户。因此，老虎窗的问题就不仅只考量屋面披水板的接缝，还需考量墙面与屋顶细部所产生的裸露问题与阻碍排水的通路。全开启式窗可开启侧挂式窗扇以便进出老虎窗，至"面颊"侧墙以及它的屋顶，假如在上窗处无脚手架而不利安全进出，此时就需要在侧墙上设置屋顶梯。由于老虎窗设置较高、外形突出与特殊的接缝特性，会使得它特别容易遭受强风吹袭的天候危害。

通风管

过去建筑中会穿破屋顶的通风管多是土烟管，因此需在屋顶穿孔处配设合适的铅材、其他金属料、橡胶或塑料制成的管颈护件，并夹叠在上下瓦片间。金属管颈护件须设在管道周边以焊接或熔接方式接合，这样就可避免金属疲劳失效。由于通风管可直接导引排水，因此可接受雨水的侵入。管道内可利用风扇抽风或热重浮力作为通风驱动力，因此在通风管口处就需装设通风管帽来隔离雨水。塑料管道可采用塑料通风管帽或"蘑菇帽盖"，金属管道则需设置专门的接头套管或使用能防漏的弯曲成型接头套管。

目前屋面材料制造商已生产贩售多种通风管接头套管，可适用在不同坡度与类型的屋面，尤其适合装配在丰富多样的屋瓦或屋脊端部。这些装置可搭配瓦型制作，匹配现有屋面以利接合。

在几十年前的许多乡土建筑屋顶，均使用

图 71　"泻水式套管板"可让通风管穿过瓦片

陶通风管来改善传统油毡或气密衬垫的屋顶空腔通风（详见图 72）。虽然这做法已越来越少有，原因是透气性衬垫更多地被市场所接受。因此，这些遗存的通风管可能还会存在使用一段时间，其中某些建筑的通风管孔洞也因不正确地装设，或塑料零件的失效而产生裂缝。

每当屋顶在进行维护检修时，均应针对如何进行屋面改善与抗风雨的措施进行评估。虽然历史建筑的屋面需要保留现有的细节纹理，但它也需要进行现代化变更并简化无需使用的装置。为了安全与成本的考量，简易设置的屋面会在长期的使用过程中表现最佳。

平屋顶

平屋顶为众所周知的容易产生麻烦、不可靠且饱受质疑的屋顶，与其抱怨设置平屋顶所带来的罪行，还不如面对因设置概念的误区与低质量材料使用所产生的缺陷。事实上"平屋顶"这个术语是一般的误称，平屋顶仍需要设置一定的坡度来进行排水。如果不遵循屋面的"导排与转移"基本作业原理，任何材料或工艺的失误均可能会导致麻烦。"平坦的"表面说明雨水只能缓慢地从屋面排流，但这会造成屋面材料、周边细节与披水板的弱点，这些问题均会导致潮湿渗漏。

20 世纪初期的传统平屋面，常见使用的材料为金属铅板，所铺设的板片需尽量切小以抵御热位移作用，因此在板片的接缝处可见到精巧细致的叠合细部处理，这样做可提高缝隙的密接效果。

沥青胶砂

沥青胶砂为混砂沥青，早在公元前 3000 年在中东与巴基斯坦地区就已经被用作为构造的防水材料，但是在 19 世纪初时法国的防水领域才开始重视使用，后来被访问巴黎的克拉里奇在 1837 年时引进到英国。克拉里奇以各种目的为布鲁诺地区提供沥青胶砂，之后沥青胶砂就不断地被认定具有优势，可应用在砌体与混凝土构造。这材料具有高度防水、可就地应用和有限度的柔韧、能避免复杂接缝等特性。在开始使用的当时由于需要投注较多的人力劳动与成本，而使得沥青胶砂相对地占有较少的市场，仅在 19 世纪30 ~ 50 年代时被应用至若干受现代建筑运动影响的平屋顶公寓建筑中。

沥青乳香胶粘剂协会［www. masticashal-tcouncil. co. uk］出版了关于铺设沥青屋面的部技艺与维修技术等具有实质建议的文献。老旧沥青屋面最常见的 2 个缺点是："悄悄地

图72　设在屋顶的瓦与石片通风管会出现变位分离的状况

攀爬"——意思是沥青会逐渐竖向上流至屋顶周边与高差处，这会导致铺设处变薄，与在暴晒阳光最多的屋顶边缘处和结构位移处产生破裂。从多数的案例中可知，这样的缺陷是可以治理的，但由于这作业具有技术性，因此需要由合格的屋顶沥青工来进行处理。

沥青油毡屋面

曾经造成平屋面产业快速发展而后又消沉的主要原因是廉价粗糙的制造，沥青、油毡与屋顶覆面等材料，均与沥青防潮层的发展共同成长。油毡平屋面通常被认为是"叠合式屋面"，它是以多层纤维织物基底的沥青"油毡"层叠合组成，通常由3层热熔沥青粘接。虽然这种复合式薄膜对于防水非常有效，但是它的主要瑕疵为缺乏柔韧性，易因紧压而导致表面开裂，特别是会发生在不当沉降的洼陷处，直接的阳光照射也会引发油毡膨胀胀开，而使得下层的屋顶结构产生明显的位移。油毡屋面的另一个常见的缺陷是间歇性鼓泡，多因平屋顶与油毡内的水蒸气聚积膨胀或冷凝所导致。优质的设置通常会考量设置"水蒸气缓释层"与小蘑菇形通风管，可在发生问题前释出水蒸气。

完全暴露在外的沥青油毡屋顶只能使用10年，这也使得多数制造商研发"高性能油毡"。以人造聚酯纤维替代粗麻布衬垫成为基底毡垫，为了增加产品的柔韧性，制造商也提出这商品有"使用20年寿命"的质保。

油毡平屋面维修会缩短原屋顶的使用年限，除非是屋面构造遭受损坏才考虑维修。维修无法提供长期可靠的原因，为多数的平屋顶缺陷均是系统的综合问题，并非是简单的构件替换或工艺技术的失误。错误的工艺技术可能会导致油毡平屋面失效与产生裂缝，这问题很难由维修来弥补。

临时维修的油毡屋面会产生沥青乳胶嵌填处开裂的缺陷，如果这个问题发生在移位的下垫层，屋面的寿命就可能超不过几个月，通常采用单层柔韧的高性能毡条补片修补缺陷处，而暂时解决所产生的移位问题。我们最近详细地规定学校建筑油毡坡屋面的补片修补方法，修整后的屋面可再延长使用"5~10年"。缺乏维护会导致原本可使用20年的屋顶开裂，甚至可见到桦树苗从裂缝中生长。因此无论如何，采用质量较佳的材料来更新屋面，将可节约短寿屋面的预算，也可延长建筑的预期寿命（详见图74）。

金属屋面
铅板

目前在英国使用最普遍的传统建筑金属屋面仍为铅板，过去均被大量高技艺的铅工铺设与维护。正确铺设铅板屋面可使得屋面长寿且可靠使用，将作业知识、技艺与记录进行复制是明智的做法。铅板协会可提供清晰说明作业细节与技艺的技术手册。

其他金属板

锌板、铜板与不锈钢板等材料均是铅板的竞争对手，但那些材料均较难施工。不锈钢板具有较长的寿命，较铅板更环保但现场施工困难，因此仅有少数的工匠有能力使用这材料，这也导致在小型项目中不锈钢板会比铅板更昂贵。相较于铅板，不锈钢板具有较少的热膨胀优势，这表示着它能铺设较长的长度，可简化屋面是层板构造。由于它较铅板具有更高的抗冲击损坏与防蓄意破坏能力，因此较不易被当成废料偷走。然而，可确认这材料在经历数年的闪亮后，镀锡层也会因为风化而变软、灰化，因此也影响它的视觉美感。

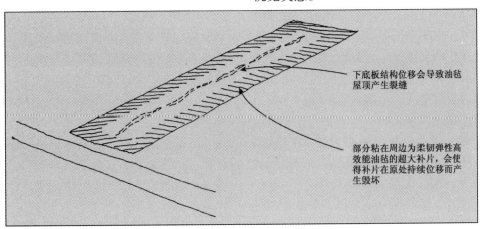

下底板结构位移会导致油毡屋顶产生裂缝

部分粘在周边为柔韧弹性高效能油毡的超大补片，会使得补片在原处持续位移而产生毁坏

图73　油毡屋顶的补片修补：最佳的临时解决方法

图74 "可延长5～10年寿命的屋面维修"坡屋面油毡补片实例

放样布设与接缝处理

多数金属屋面的共同问题出自于排水明沟，顺着明沟铺设的金属板可顺着屋面坡度侧紧邻地铺设，相邻的明沟边侧均需折叠成防水竖缝。由于铅板材料较软难以稳固撑起，常见的做法为采用木条围绕着铅板周边卷搭支撑，这做法就被称为"卷边"。至于其他较硬的金属材料，除非有木条做卷边的视觉需要，否则常见采用细长边的"固定接缝"处理。倘若高质量地处理金属屋面，裂缝渗漏就不会那么容易发生，但在低质量施工与经常以廉价替代材料修补的老旧铅板屋面就很可能会带来麻烦的问题。

问题与修补

以铅板作为屋面材料的缺陷是该材料具有较大的热延展性，这就表示要根据板厚而铺设适当的长度。板片越厚，所铺设的长度就可越长（但成本相对也会提高）。每板片的接缝处均需要进行防水卷边处理，通常尺寸为50毫米（2英寸）宽。

图 75　适当地铺设铅板屋面可耐久且可靠

图 76　不锈钢板具有长寿和比铅板更好的环保特性，但数年后镀锡层会因风化而灰软

　　任何热涨变位均会发生在阳光完全照射的环境，仅是部分阳光的遮挡也会增加铅板材料的热应力。当所采用的长度过长或板片太厚，材料就可能就会因为热压力膨胀而涨裂失效。虽然能进行贴片或焊接的修补，倘若不正确地设置或使用材料，这处理也仅能得到短暂的成功。采取缩短铅板长度的做法较难实践且不经济，可使用嵌在两铅条板间的氯丁橡胶膨胀接缝，密接板片来消减热压。

　　人为的蓄意破坏或不良维护会带来冲击

危害，通常采用焊接或贴片的做法来修补较为简单，在修补处以焊接或"熔铅"的方法修补。假使所面对的状况是正在渗漏，且在以前已修补过的铅板屋面或排水沟，则需要从熟练铅工、专业人员或建筑师处获取最佳建议，因而修补作业就会变得更为复杂与昂贵。其他的可选择材料像是单层膜或玻璃钢（GRP），就需要考虑成本因素，在历史建筑修复案例能被允许替代铅板的材料可能仅是镀锡不锈钢板，只有采用这材料工程方案才能获得批准。

金属瓦

在最近这数十年间，行业间已出现专业的金属屋面产业，可生产提供较大规格、镀膜发色的镀锌不锈钢材的仿屋顶瓦，可适用在缓坡屋面。主要的销售市场是平屋顶街区的屋面翻修工程，虽然商家已将这技术转移到其他领域，已将这材料应用在"活动房屋"与预制模组化住房中。但从屋面的仿真角度来看，虽然已经尽量制作近似，但从视觉上还是难以让人信服这产品可成为传统瓦的替代品。对于作为屋面材料它仍处在"婴儿期"阶段，但它却具有与其他塑形、镀膜发色的金属屋面板近似的寿命与可维修特性。

单层薄膜

对于平屋面的发展，最显著的进步是成功地使用"单层屋面膜"。这是种柔软具弹性的片膜材料，可透过加热或粘合的方式可靠地粘结而成为屋顶覆面。它从20世纪50年代就开始发展成为大面积的商业化屋面材料，这是目前应用最广泛的材料。还有些材料也常被使用，像是聚氯乙烯（PVC）与对环境冲击危害较小的人造橡胶，虽然部分颜色是灰色、棕色与绿色的，但大多数均是黑色的。它需以不紧绷的方式铺设，以碎石压实以避免被风吹掀，并采用条板压接在板材下侧固定或采用粘接铺贴。

只要单层屋面薄膜未受到外来冲击破坏，它就可拥有非常长久的寿命，可维持数十年不变质且柔韧。由于人造橡胶（EPDM）较聚氯乙烯材料对环境所产生的危害较少，成本较低且预期使用寿命较长等优势，因此可优先考虑使用。目前在平屋面常见将这薄膜应用在"倒置屋面"构造内，构造内的隔热材（防水泡沫板）铺设在防水层上，因此这组合具有保护隔绝潮气与抵抗阳光照射的能力，而成为一种有效长久使用的解决方案。有种隔热板材具有连锁式企口与预抹平的表面，但多数的倒置屋面的表层仍需压铺碎石来保护材料，以重量压在隔热板材上以抵御向上扬升的风力，但这种做法会增加屋面的重量成为负荷。

单层薄膜特别适用在屋面与天沟交接接缝的复杂环境，那里可能无法拥有足够的坡度来容许铅板正确地施工。在屋顶容易出现渗漏处，像是在屋顶天窗和通风口，均会使得铅板作业的施作困难且耗费成本。我们过去曾试用过1毫米厚的人造橡胶EPDM材料，用在巴斯地区的小型平屋面建筑已经超过20年。在那里屋顶仅使用约5平方米（50平方英尺），其中包括屋顶天窗与两个通风口，在材料搭接的边缘卷边处理与角隅处设开口斜槽。以铅板来进行这样的施工处理会较为缓慢、复杂与耗费成本。EPDM工程人员根据具体尺寸的图样制作完整的屋顶板片，包括所有的细部，在完成后包裹寄送到现场施工处。施工人员就能扛着这捆材料上屋顶，打开它并在1小时内装配完成。最近我曾回去检查曾设置的材料使用后的状况，材料依然维持着柔软弹性，就如同当初铺设时一般。

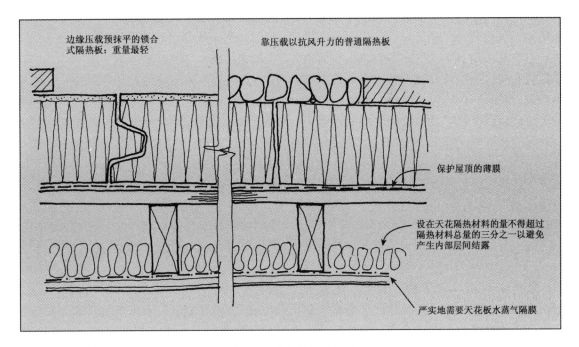

边缘压载预抹平的锁合式隔热板：重量最轻

靠压载以抗风升力的普通隔热板

保护屋顶的薄膜

设在天花隔热材料的量不得超过隔热材料总量的三分之一以避免产生内部层间结露

严实地需要天花板水蒸气隔膜

图 77　倒置屋顶——薄膜可受到隔热材保护，为长久的解决方案

就地处理的解决方案

另外还有两种在 20 世纪常见的屋面材料，适用于维修或更换小型住家的平屋顶：一种称为玻璃纤维或 GRP（强化玻璃塑料），另一种为非常薄的强化钢丝网混凝土专利材料或被称为 Roofkrete 的"钢丝网水泥"。广泛使用的 GRP 材料是一种较薄且用在建造小型船体的材料，如用在修补车体的树脂材料。这种材料以玻璃纤维编织的网衬垫铺盖嵌入，并以环氧树脂胶结而成强韧并具有弹性的薄板，它能就地现场浇灌成型，能顺应适用在复杂与曲折的天沟、渗漏管道、通风口或屋顶天窗。这项作业需要由专业承包商施工，且成本可控制低于同样的铅板，但需要在下侧设置木铺板补强。它的寿命较长（虽然比不上高质量的铅板），尤其是在直射阳光被遮蔽的环境，大约可使用 30 年或者更

久。其他类型的液态塑料涂层均以类似的方式施工，常用的材料是强化聚酯纤维，这种材料同样也需要由专业承包商施工。

Roofkrete 是一种与 GRP 处理方法类似的就地浇灌材料，也是采用多层细密铁网（替代玻璃纤维编织铺垫）铺钉在木铺板上，再将专利的胶泥铺涂入网面，制成 6 ~ 8 毫米厚的防水与抗损坏表层，这种做法可推荐用在阳台、走道与屋顶花园，也能用在普通的平屋顶。虽然这种材料长期的抗腐蚀表现，并不十分理想，但在德文郡地区这材料也已被供应商使用超过 30 年，现今也普遍在市场上推广且有 20 年质保。

所有平屋顶覆面的共同特性为具有高度抵抗水蒸气的能力，这说明着所有的"冷平屋面"的隔热层均需设在屋内近天花侧，且需采取交叉通风的方式促进水蒸气蒸发以避免产生冷凝结露。

潮湿渗漏的墙体

虽然墙体材料与细部处理均较屋面多样，但在面对潮湿渗漏状况时，可从下列3类墙来说明问题：实体砌块墙、空腔砌块墙与砌块覆面墙。砌块覆面墙常以不同的形式出现，可将砌块、石材或砖材设作覆面层，然而这常与"传统空腔墙"产生混淆，这种墙在英国的房屋建筑中已普遍地使用。

病理症状

墙内所显现的渗漏型潮湿症状与吸附型潮湿为相似的表面特征，皆会产生潮湿斑块、发霉、涂层剥落、灰泥与木料腐朽损坏，这不仅会发生在墙基底部，也会出现在高处。它们可能会在基底部产生较糟糕的状况，因为不仅会有吸附型潮湿，还会有因降雨到达墙侧基底部的潮湿水分，这水量会多于源源不断上升的水量。墙体的渗漏型潮湿就未必会发生这状况，不论是何种原因潮湿都将会均匀地发生在面对问题的墙上。假如是因降雨造成，最糟糕的渗漏就可能会出现在西面或西南面墙，局部的遮挡与受风吹袭的差异均会影响所产生的问题。假如问题是由某些特殊的缺陷而产生，像是渗漏的天沟或排水管裂缝，均会对局部环境产生影响。

虽然渗漏型潮湿常会伴随降雨状况一并出现，且多数会出现在发生暴风雨时。但在厚墙所出现的渗漏潮湿滞后特性是需要关注的，因为这个问题会因季节变动而产生变化，并非每天都能观察得到变化的差异。从另一视角来看，假如墙内的潮湿在连续干燥气候环境越变越糟，那就要敏感地找寻破裂的设备管路而非仅关注降雨的渗漏问题。

假如病理症状是均匀分布且明显与雨水无关，那就可能是因为冷凝结露而产生，这

问题留到下章再论述。

实体砌块墙

这类墙体的潮湿渗漏防范策略，一般采用遮挡、吸收与蒸发的综合治理方式。墙体常会从降雨吸收潮湿水分，并渗出至材料表面。当降雨的频率增加，多孔砌体表面就会呈现出饱和的特征，内含水会溢流而出，顺沿着墙面流下渗入地下或漫过铺面排放。一旦降雨停止，多孔表面就会通过蒸发释出被吸收的潮湿水分而逐渐干燥。只有极端的长期暴风雨才会使得实体墙被"征服"，导致潮湿水分渗漏入室内。影响这问题的关键因素有：

● 墙体厚度：一般而言墙体越厚，抵抗潮湿渗漏侵入的时间就会越长；

● 表面状况：即材料的孔隙率，与砖石材料和开口、窗台与盖顶的特殊接缝；

● 墙体暴露状况：为墙体的朝向与局部遮挡等；

● 持续降雨率：英国建筑研究所（BRE）曾调查持续降雨率在伦敦为5%，威尔士与西部丘陵地区就超过10%，在苏格兰西北部地区则高达15%。

墙体厚度

关于房屋建筑会采用薄实体墙，来抵抗渗漏型潮湿的侵入是件异乎寻常的做法。在一般面对较低墙体外暴露处，像在伦敦地区与东南部的城市地区，所用的"单层砖墙"厚度是225毫米（9英寸），也就是说将砖块的"头部"横跨铺设成墙体估计就足够抵抗潮湿，并且如果墙体采用良好的砖块与勾缝砌筑，就能维持较佳的状态。在少部分像是乔治亚巴斯地区，墙材常见使用易于作业的建筑石材，能建造薄到150毫米（6英寸）

的外墙，甚至还可达到 100 毫米（4 英寸）厚，虽然墙薄但这墙对于抵抗潮湿可显现惊人的效果。然而，即使在这种质量较佳的建筑墙体内，仍须嵌入木条板与涂布泥灰的木框架衬垫。

有种较厚的砖墙，像是"三七墙"（338 毫米/13 英寸厚），甚至还有更厚的墙，均因结构需要而设置作为高层建筑的低层墙或基础挡土墙。大多数较厚的石墙被建造成双层的"表皮"，采用质量较佳的石材作为外层皮，较次的石材作为内层皮，利用石材的拉伸作用将内外层表皮束缚结合，在墙内腔中则充填营建生产所剩余的边料、碎屑与砂浆块。这种墙体的质量差异甚大，并非仅肉眼所见的"表面问题"，问题也多会发生在内腔中。内腔材料的质量较差且砂浆强度也较低，常会造成墙内的腔体材料崩塌在内，外层表皮凹陷，酥松的填料就会沉积在墙底处，墙内腔上部就会遗留不规则的孔洞。倘若这样的墙体暴露在严峻的气候环境中，渗漏的雨水就会侵入冲刷脆弱的内腔材料，使得潮湿材料在基础内腔处沉积，这样就会增加墙体基底产生渗漏型潮湿与吸附型潮湿伴

随的可能。换句话说，墙体内侧与外侧表皮如果能进行良好的建造与适度维护，墙体就能维持长期的稳固，且空腔还可减少墙体高处的渗漏型潮湿问题。

表面状况

砌块材料的孔隙率，不论是砖与石材，还是不可渗透的花岗岩、石板与烧结良好的工程用砖，都会与软弱、易吸水的石灰岩和烧结不足的软砖，呈现出明显不同的差异。虽然砖块质量多数已在选土与火候方面受到控制，但有瑕疵的砖块还是会有出现的可能。然而，在目前许多案例中甚至还会见到使用表面质量具有缺陷的砖块来减少营建设置的成本。虽然这种砖块的表现令人还算满意，但是它们仍会因局部暴露的增加或遭受严重的冻融而导致脆弱。

砌体材料的吸收率会因时间而改变，但不同的材料表面也具有不同的特性，像是面砖的耐久表面是因火烤而形成，有许多种类像是石灰岩或白垩岩的石材，在经历气候环境的洗礼后就会形成风干的表面，如同在 BRE 出版物所述贝德福德郡地区生产的 Tot-

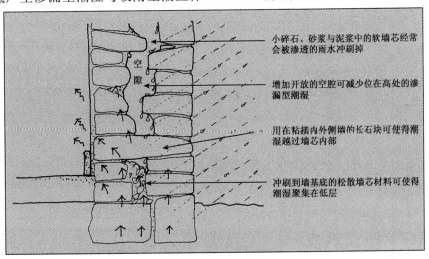

图 78 发生在双层表皮、碎石砌块墙中的渗漏型潮湿

ternhoe 石材，这种石材是非常柔软如同白垩般能用在建筑中的石灰岩，在经历一段时间后会在表面产生一种可抗风化的表皮。但粗糙的清洁或其他作业均会损坏这些天然成熟的外表，而使得材料会受到潮湿与冻融的危害。

当砖石构造的孔隙产生渗漏，而填缝仍坚固完好时，一般有 3 种做法可改善：外墙涂抹抹灰、墙里侧设置衬垫或减少墙体材料孔隙率。涂抹抹灰与增设衬垫的做法将会在后面陈述，减少墙体材料孔隙率是引人注目的选项，但在进行大规模的处理时才会采用这做法。

涂饰与涂层处理

假使改变墙体外观是无法接受的，就可以采用无色防水剂喷涂墙面的做法，通常喷涂硅类或硅烷基类材料，但这类材料的寿命通常不会超过 5 年。因此，从长远的视角来看这种做法就比其他更贵，尤其是在可能需要搭设脚手架才能施工的墙面处。

虽然有某些防水剂对于多数的砖面与砂岩材料无害，但文物保护人员还是会关注这类材料对于石灰岩所产生的影响，有些防水剂是不合适的。目前除了常见的石灰涂层保护做法外，就没有再见到合适而被认可的，不改变外观而改善渗透的做法。因此在采取任何处理历史建筑墙面防水的做法前，向当地的文物保护官方办公室寻求建议才是明智之举。

采取涂饰来处理墙面与屋面，以减少潮湿渗漏是常见的传统做法。石材、砖材、夯土材与混凝土墙通常以涂料涂饰来改善抗风化的能力，同时也可改善外观。稀石灰浆是一种古老的室外涂料，它具有可溶性、短效和需频繁维修的特性，因此是种费工的材料。目前它已经逐渐少用，是因为市面上出现更佳的涂料。新涂料具有耐久、色彩牢固与抗褪色的特性，早期的产品为植物油与动物脂肪的混合胶合物，后来才改用复杂化学成分的矿物油作为溶剂。采用涂饰以减少潮湿渗透的效果，是在材料表面可产生减少吸收的光滑、憎水面。只要涂饰的薄膜不破且墙内无额外潮气的蒸发，那就可产生完美的效果。但是，涂料会产生隔绝水泥抹灰的缺点，会使得水蒸气渗透蒸发的特性戏剧般地减少。如果使用一般常用的涂料涂抹在传统未设防潮隔层的墙面时，反而还会产生潮湿

图 79　被硅类材料喷涂的砖材表面可憎水（Peter·Cox）

吸附的结果。在许多案例可见，墙体与涂饰薄膜的粘合处会因墙内的水蒸气外渗而产生胀裂。典型的病理症状常出现在糟糕的砌体的饰面，以空鼓起皮与片状掉落最为常见。目前涂料制造商已开发出多种特殊涂料，皆具有光滑与质感的特性。这些涂料根据家用特性来命名，比如沙粒感（sandtex）、外墙白（snowcem）与抗风化（weathershield）涂料，这些涂料均可改善传统涂料的粘着性、柔韧度与透气性问题，以减少失效的产生并改善耐久性。

涂装的建筑外墙因天候影响而增加成本，因此增加材料的耐久性是必要的。涂装成本的增加也会因劳动力成本的提高而增加，因此重新涂装前的涂层寿命评估是一项十分重要的作业。

图 80　砌体基底处出现的常用涂料引起的潮湿失效

过去大多数的外墙砌体涂料是油基涂料、醇酸树脂与乙烯基涂料，但目前在欧洲涂料业已经开发出矿物涂料，这种涂料可形成整合性涂层，能溶合渗入抹灰打底或砌体表面而非仅是表面胶膜，能维持更多的水蒸气透气效果。凯姆公司是这行业中最著名的公司［www. keimpaints. co. uk］，他们宣称产品的使用寿命为常用砌体涂料的两倍。

近年来，有复苏使用以稀石灰浆作为砌体构造打底抹灰的"可呼吸性"外墙材料的趋势，材料可用在石灰岩墙体与石灰抹灰层。稀石灰浆能对石材或抹灰层表面结构产生复建的效果，可使得长期因降雨与污染影响而脱落的石灰修补复原，也能使得材料内的潮湿水分自由地蒸发。然而，从潮湿的渗透特性来看，稀石灰浆仍具有易溶性与再利用时相对短寿的缺陷。因此，这种材料对于水泥抹灰打底或水泥砂浆抹面的砖墙覆盖涂层是重要的，尤其是在面对较难处理而产生高劳力成本且要求材料耐用的环境，这材料的效果就如同矿物涂料或具透气特性的砌体涂料般。

对于已着涂料的墙面认识是遗存的涂料层可能并非都具有水蒸气渗透特性，就像是过度强固的水泥抹灰般，可能阻挡水气蒸发而使得潮湿问题更加严重恶化。假如表面涂层为平滑面，则会造成材料难以咬合的困扰，需在使用新涂料前铲除旧有的涂料层。

对于已涂饰涂料、白灰粉或石灰浆的石灰面传统砌体构造，采用稀石灰浆涂抹处理会比采用现代涂料更合适。再次强调，首先应当移除任何不该留存的表面涂层，让新涂布的稀石灰浆能适宜地粘合，使得潮湿水分能从墙面蒸发而产生透气效果。

勾缝与填缝

在砌体构造里所出现的抗湿缺陷，常发

生在勾缝与填缝处，并不是石材或砖材的材料问题。填缝需留意的关键问题是它的强度应较周围的砌块强度弱，也就是建构墙体时所用的砂浆，与砌墙材料并非同样的强度等级。虽然采用强固的砂浆来维修或建造墙体看似具有优势，但这反而会造成严重的强度危害，且浪费材料与成本。

有两个重要理由可解释为何嵌填砂浆强度应比墙体材料低。首先，所有的墙会因热胀冷缩而产生移位变形，发生在墙体的这种现象会比地基处的可能大，此时会因位移而使得潮湿的高度改变。关于"硬质"砂浆，倘若水泥含量较多强度就会越强，可承受的位移量相对地就会较少。换句话说，就表示着墙体材料会以断裂的行为来适应热膨胀或地面位移的应力。事实上，掺混石灰的软质砂浆，具有柔韧性因而可适应位移的问题。倘若位移的状况严重，填缝处就容易产生断裂。对于像是纯油灰腻子或水化石灰砂浆等的柔韧材料，建议不要混入水泥中使用，这些材料会较水泥砂浆昂贵得多，因此大多数均用在文物保护作业或用在特殊的天然石材作业。此外水化石灰材料，仅能作为水泥砂浆的掺料使用来增强材料的可塑性与柔韧性，并可带来超越水泥的环保优势，该材料可逐渐地吸收因生产石灰所释放的二氧化碳，水泥的生产制造会带来严重的全球二氧化碳污染危机。

其次，水泥砂浆会在固化后产生收缩，且水泥的含量越多，收缩量就会越大。这就会造成硬质水泥填缝产生收缩而脱离砖石材料，并在接缝周边留下裂缝，而促成潮湿水分渗入。

另外，就是可以减少硬质砂浆的孔隙率，以增加墙材表面的孔隙饱和。软质砂浆会以"吸收消化"来减少砖石材料的水分渗

漏，但硬质砂浆的强固粘接，反而会使得随后的嵌填或最终的材料再利用变得困难。需避免使用硬质砂浆的另外一个理由是，软质的筑墙石与砖材易遭受材料表面腐蚀，当腐蚀发生时墙材与填缝均会同样地遭受，假如填缝是坚硬能抗腐蚀的材料，它将可能会形成凸离砌体表面截留雨水的突出物，或许还会带来可能发生的冻融危机。此外，还有会影响潮湿渗漏的其他因素：填缝的外形。根据施工人员的建造技术与喜好可制作出多种填缝外形，但均可归纳为3类：凹嵌式、平整式与凸缘式。然而，从大多数现存的墙面腐蚀现象可知，凸出砌体表面的"带状凸缘式填缝"为常见的外墙填缝，但由于这填缝会产生众多的负面效果，因此建议不予推荐。

图81　硬质砂浆填缝因受腐蚀而凸离砌体，会截留潮湿水分导致冻融危害而恶化腐朽

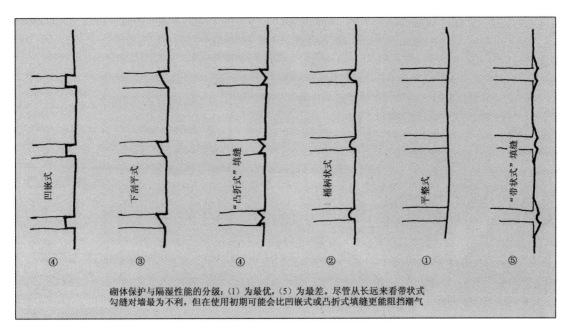

凹嵌式　下削平式　"凸折式"填缝　桶柄状式　平整式　"带状"填缝

④　　③　　④　　②　　①　　⑤

砌体保护与隔湿性能的分级：(1) 为最优，(5) 为最差。尽管从长远来看带状式
勾缝对墙最为不利，但在使用初期可能会比凹嵌式或凸折式填缝更能阻挡潮气

图 82　填缝的样式

图 83　"带状凸缘式填缝"会导致砌体墙处在
具有冻融危害与腐朽的风险环境

凹嵌式填缝具有强调材料水平层向的特性，这效果能部分从材料的接合缝隙得到，也部分可从填缝所产生的阴影效果获得。虽然凹嵌式填缝能产生遮挡，但它还是会造成墙表面的水分渗漏。有种较少有问题的嵌填是"勾泄水填缝"，凹陷处设在砖石材的下侧。然而，减少水分渗漏最有效的嵌填还是平整式填缝，它能促使雨水泄流出墙体、在流过的表面产生最均匀吸收。平整式填缝并非完全与墙面平齐的，而是"桶柄状"外形，这称呼的产生是由于完成它的原始工具为一种废弃的水桶把手。

开口处的勾缝

无论是墙面上的门、窗、烟管、通风口或管线开口，均为构成潮湿渗漏的潜藏入口。质量较佳的传统砌体细部可结合现代的处理，像是以现代的门窗装设到老旧的砌体墙门窗框上。框体需隐藏或裸露的美学效果需处于"均衡"，目前所见处理最佳的窗户

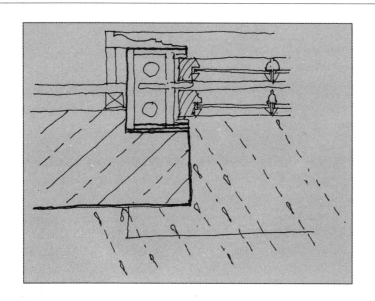

图84　砌体构造的叠合形成细工材料的保护

图85　优雅、细线条的乔治窗框可隐藏部分窗框在石砌后

为乔治窗，它的防潮优势在于以直线框来阻隔内外侧的水。这种细节处理须以砂浆作为填塞窗框的材料，但不论是木料、金属或塑料窗框，皆易在砌体构造内产生不同程度的位移，而导致材料间的接缝开裂。

现今常见使用枪式灌注密封硅胶填补材料缝隙，使用密封胶需灌注成像珠子般的厚度，通常是5~6毫米厚，使它有可接受位移的空间。施工时易因不慎而导致产生紧粘材料表面的角锥形污斑。此外，粘贴双面背胶的泡沫塑料条，可控制密封胶填灌的深度。

暴露与耐久

严重的墙体暴露是最难治理的问题之一。在BRE中说明，大部分英国地区所遭受的暴风雨，多从西南与西面而来，部分东岸地区则从北面而来。暴露的问题如果能妥善地处理，就可补偿抵消。本章所描述可改善墙体性能的做法，如重新嵌填勾缝、涂层覆面、粉刷修饰与接合处密封等，均也可采取控制局部微气候的做法来处理，但这做法在边墙侧较难实现。当建筑坐落在有足够场地

图 86　应用在不同材料间
的密封胶

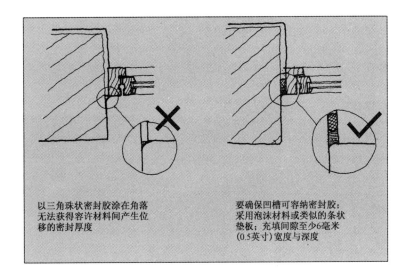

以三角珠状密封胶涂在角落
无法获得容许材料间产生位
移的密封厚度

要确保凹槽可容纳密封胶；
采用泡沫材料或类似的条状
垫板；充填间隙至少6毫米
(0.5英寸)宽度与深度

空间的迎风面侧时，利用植树等方式来遮挡是具体可行的。

　　尽管这可能会被认为是一种覆面包层的方式，但利用攀缘植物来创造局部的微气候遮挡是可能的做法。特别是常绿的攀缘植物能明显地减少雨水接触墙面，形成一张稍有隔离且可使空气流入的"毡毯"，则能在冬季提高墙体温度，而在夏季时降低。所选择的攀缘植物时常需要进行养护，以确保它不会危害砌体表面。一般常见附着紧贴的植物种类，比如：常春藤与弗吉尼亚爬山虎是具有危险性的，而缠绕类植物，像是忍冬与柴藤就不会产生危险。有一种精密复杂且昂贵的不锈钢卷绳、支杆、垫片与拉紧器系统，

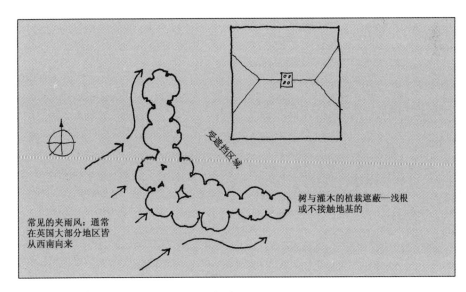

要遮挡区域

常见的夹雨风：通常
在英国大部分地区皆
从西南向来

树与灌木的植栽遮蔽—浅根
或不接触地基的

图 87　遮挡性植物可对建筑外部进行保护

75

图 88　常绿攀缘植物依附在墙面形成遮蔽性微气候

均为帮助攀缘植物附着在墙面"绿化"建筑物的支撑设置，这种装置能形成微气候来保护环境。

严重的暴露会使得多数常规的"防水"构造受到考验。一般在窗台与过梁下侧需设置沟槽或"滴水槽"以遮挡雨水，设置约为10毫米（3/8英寸）的宽度。在一般环境条件的状况下，该设置足以遮挡雨水，但我也曾见过在强烈的暴风雨环境中，雨水易受风力作用穿越过梁超过三个深度的沟槽，"跳越过"任何门挡风条与门框密封缝隙。

虽然经历短暂的威胁，但严重的暴雨还是会使得大量的雨水渗过具防御效果的建筑物细部。在面对这样频率且持久的暴雨冲击下，要确保全盘墙面的覆面或抹灰维持完好，才能在避免改变建筑物的外观状况下，使得屋主能持续地维修。在进行抹灰与铺设覆面作业前，应针对会遭受潮湿渗漏的空腔砌块墙与实体砌块墙，采取的不同施工方式进行评估比较。

空腔砌块墙

空腔墙是非常成功的，常被用来作为防

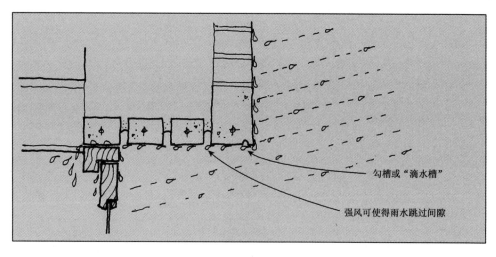

勾槽或"滴水槽"

强风可使得雨水跳过间隙

图 89　暴风雨的渗透能力可战胜一般的防御性构造细部

止潮湿渗漏的墙体结构。空腔墙的原理是砌筑"表层面墙"，一般是 100 毫米（4 英寸）的砖石墙或抹灰砌块墙，用来遮挡侵袭的雨水。然而，该做法在严峻的环境条件下，雨水还是会渗漏入这外层墙侵入空腔内，空腔原为 50 毫米（2 英寸）厚，但如今常被设成 100 毫米，甚至可达 150 毫米或者设在双层墙间更厚的情况，这是空腔墙建筑的典型设置。由于空腔内受到风压作用，风压可阻挡入侵的雨水，使得雨水顺着外层墙的内侧面流下，而不会穿流腔内，除非腔内有"桥接"才会有可能。

空腔系铁

空腔墙的各层墙，为 100 毫米（4 英寸）厚，在相隔设置而易产生墙体结构不稳定的状况，需在两层墙间以系墙铁来连接。系接材料采用硬质金属系板或系线制成的接合构件，设在水平间距 900 毫米（36 英寸）与垂直 450 毫米（18 英寸）处。这样设置的系铁常会导致渗水流入危及空腔,因而需以不

同方式来阻挡渗水流入。

早期的空腔结构内常使用平系铁，这种构造材料会产生锈蚀问题。在暴露较多的气候环境条件中，镀锌系铁还是会产生锈蚀，目前已有特殊专业产品以钻孔固定来更换失效的系铁。虽然系铁本身的锈蚀不会导致潮湿的渗漏问题，倘若潮湿水分从空腔扩散到砌体上，就会危害砂浆接缝而使得材料受潮产生脆弱与腐朽。采用不锈钢作为系铁材料是可克服锈蚀问题，但这系铁在空腔内抵抗雨水渗漏时反而会形成脆弱的连接且增加明显的传热。

空腔隔热

在一般常见的潮湿渗漏空腔墙案例中，桥接问题似乎常见。最常见的状况是砂浆掉落在系墙铁上，和低质量装设空腔隔热材。较难应付的问题发生于空腔隔热材，这种构造材料在 20 世纪 70 年代时就已经普遍安装在构造墙内，然而现今却遭受到诸多的质

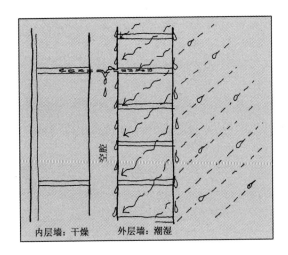

图 90　墙体空腔的防雨保护：即使在强风环境，被遮挡的空腔足以防止雨水渗过，因为没有"桥接"

图 91　典型的空腔系墙铁细部处理可在中点处阻止渗水流过：所附加的红盘可用来分隔隔热材

疑，所发生较多的问题是现场就地灌注的泡沫塑料，会在灌注泡沫的不同孔洞处留下裂缝。同时由于这些泡沫会扩散到周边，且会强固地粘接到周围的砌墙上，而产生非常难以移除的治理问题。

现今有两种广泛使用的改良性空腔隔热材，聚苯乙烯珠粒与矿纤维材料，两者都以吹填方式灌入空腔内（详见图93）。专业安装者在施工时应按照空腔的现场检查做法执行，检查空腔内是无阻碍的，且不会因错误的空腔系接、砂浆滴落或其他碎屑而产生"桥接"。在严谨的检查并结合高质量的施工后，有些安装施工者就会大胆地声明保证，这种被填充的空腔墙的作业质量可抵抗潮湿渗漏，并与建筑同寿。空腔越大，就越不容易受到潮湿渗漏的威胁，且能抵挡的暴露问题就可越多，比如：建筑物采用150毫米（6英寸）厚完全填饱的空腔墙构造（外部砖砌平勾缝），甚至可抵御位于英国东北部河口处六层楼建筑所面对的严峻气候环境问题。

设在空腔墙内"手工制作"的细部材料，包括预制的矿纤维"棉絮"或设有凸榫与边槽处理的泡沫隔热板，这些材料均会在建构墙体时嵌插置入。对于多数构造材料，良好的手工施工就能展现出良好的效果，虽然这比干式灌注方式的风险低，但是无法提供同样的保证。在现场施工时，灌注充填的空腔隔热材最常见的缺陷是接缝处的砂浆滴落会形成桥接。矿纤维棉絮与聚苯乙烯板的施工都需靠接缝处的密接来防止潮湿渗入空腔，密接时需防止任何砂浆滴落。一个高素质的施工人员会在施工时保护空腔板材，并严格认真地清理滴落的砂浆，然而并非每个人都是如此地细心。

为了避免产生这样的风险，工程设计者与施工者不断地找寻空腔砌体处理的折中方法，即部分隔绝使得保留空腔在隔热材料层外。设置这样的细部处理需采用相同、但较薄的矿纤维棉絮或泡沫隔热板材，将这些材料以简单的塑料夹固定在空腔系铁的适当处，以维持有效的净空腔宽度。虽然有些空腔墙是采用传统的50毫米（2英寸）空腔、部分充填的做法建造，比如：设置25毫米（1英寸）的隔热板，较好且务实的做法是填满50毫米的空腔以减少水分穿透的可能。虽然在合适处装设与留存这些部分充填板片的理论是合理的，但在多数建筑现场粗劣与凌乱的环境状况，特别是在恶劣的天气时，要能维持良好的施工是件较难的工作，仅能利用任意切割的板或活脱的夹具来处理防范水分渗漏的简易通路（详见图94）。在20世纪80年代早期，我曾经检查过一处位于布里斯托的建筑施工现场，在那项工程中具体规定部分充填的做法。从缺陷的案例可知，缺陷皆由信誉甚佳的承包商按规范所为，那时就让我开始排斥这种细部的规范做法。但出乎意料的是，以相同宽度的空腔、进行完全充填，也能做出利于隔热的建筑，且成本较低并有保障。

有种区隔空腔隔热层的做法，是控制空腔开口尺寸将腔体宽度分成两部分，即悬挂金属薄板片或塑料复合板片在墙系铁的中央以夹具夹住，再将隔板吊挂腔内与板片夹住固定。这隔板产品由两层铝箔夹成，由一层或两层的聚乙烯"泡沫垫板"夹在层内，并以封装洁净的聚乙烯薄膜来保护铝材的反射面。尽管细部设置时能有效且可靠地控制质量，隔热层最好也采用不超过25毫米厚的泡沫隔热板设置，但到现今要保证良好的施工质量仍是困难的。精密与多层的金属箔泡沫复合材料是较佳的材料,但它的成本相对地

图 92 吹喷灌入式矿纤维空腔墙隔热层：将 150 毫米（6 英寸）宽的空腔完全充填，以能保证抵抗潮湿渗漏，此方式甚至连六层楼的沿海建筑也可适用。（马丁·汉密尔顿·奈特 提供照片）

也就较高，根据 BRE 的资料所示，它在生产时所产生的消耗常会增加超过实际效能价值的 3 倍。

尽管少有证据可说明设置良好的空腔隔热层对于潮湿渗漏有贡献，但所增加的复杂度反而会造成施工失败的可能性增加，不论是泡沫注入的隔热材料还是部分充填的隔热板，在进行缺陷的细部治理作业时均会显得特别的困难。

空腔墙防潮层

这是保护空腔抵抗水分渗漏的空腔墙细部处理，需特别注意设在竖向构造防潮层的开口、窗台或过梁下的水平向防潮层，与空腔泄水板或墙顶部开口上方的"盖顶"，均

为问题潜藏的弱点处。由于在每个案例中的空腔均"被桥接"，因此需在桥接处设防潮层或泄水板，以防止潮湿水分渗入空腔内面墙。正确地设置防潮层连接的原理是将上防潮层叠盖到下层，可将渗漏水排出至建筑物外，但常可令人惊讶地在某些案例发现防潮层叠盖不正确的状况！关于设置叠盖需将水排出建筑外的例外，发生在最脆弱的屋顶女儿墙处，由于空腔的女儿墙超出屋面并被盖顶板所遮盖保护。设在女儿墙防潮层内的空腔泄水板需倾斜朝向内墙侧排放，并设在最少高过屋面 150 毫米（6 英寸）以上处。倘若颠倒设置而将水排出建筑物外，女儿墙内面将会面临威胁，即潮湿水分会直接向下侵入到内面墙（详见图 95）。

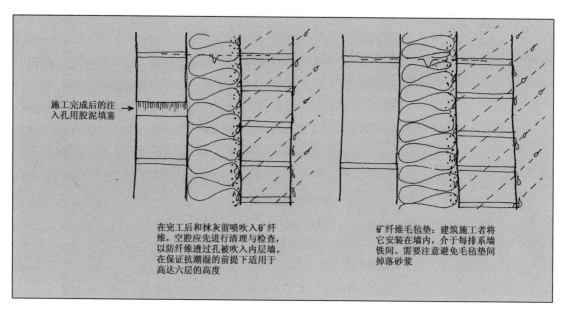

施工完成后的注入孔用胶泥填塞 →

在完工后和抹灰前喷吹入矿纤维，空腔应先进行清理与检查，以防纤维透过孔被吹入内层墙。在保证抗潮湿的前提下适用于高达六层的高度

矿纤维毛毡垫：建筑施工者将它安装在墙内，介于每排系墙铁间。需要注意避免毛毡垫间掉落砂浆

图93　完全充填的空腔隔热构造

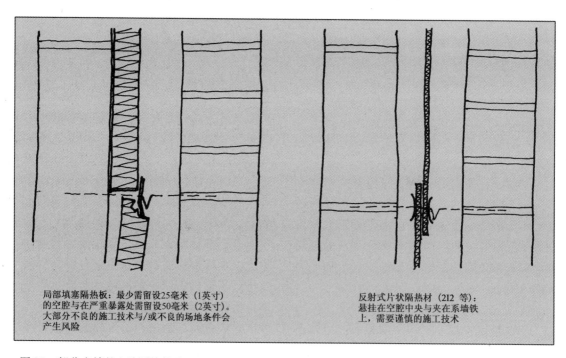

局部填塞隔热板：最少需留设25毫米（1英寸）的空腔与在严重暴露处需留设50毫米（2英寸）。大部分不良的施工技术与/或不良的场地条件会产生风险

反射式片状隔热材（2I2 等）：悬挂在空腔中央与夹在系墙铁上，需要谨慎的施工技术

图94　部分充填的空腔隔热构造

图 95　女儿墙内的空腔泄水板

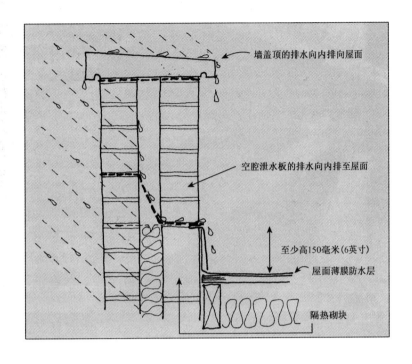

墙盖顶的排水向内排向屋面

空腔泄水板的排水向内排至屋面

至少高150毫米(6英寸)

屋面薄膜防水层

隔热砌块

问题常会发生在窗台与空腔泄水板的端部连接处，此处易遭受被拉伸变形或严重的暴雨侵袭。当空腔墙外伸凸出门窗开口处，或凸出屋面上时，从外侧面墙渗漏的大量雨水就会在泄水板处聚积。每个正确的泄水板端末需设置成封闭端，便于使得渗水可直接地通过"泄水孔"排出。虽然防潮层制造商已生产"预制封闭端"，并可按照叠合与胶粘防潮层的规定指引在现场进行粘接设置，但在失效或劣质施工的端末处，就会使得泄水板的排水泄出至内层墙面而造成墙体脆弱。类似的问题，也就是对于坡屋顶的接合，需采用顺循屋顶坡度的阶梯形空腔泄水板。防潮层的制作可由每阶连续叠合或采用预制的阶板，每阶应叠合在上侧的泄水板下（详见图96）。只要在装设泄水板时稍不留意，就会使得渗水回流流入泄水板下并渗入墙内。在设置遮挡或处在中度降雨的环境中，这种简易的施工技术尚可应付；但在偶发的严重暴雨环境，或因邻近的树木倒塌、建筑毁损而产生暴露的改变场合，皆会产生不可预期的潮湿渗漏现象。

在治理空腔泄水板问题时，由于需要进行局部作业而显得较为困难，但需避免造成墙体结构危害。处理作业需要谨慎且具备经验，同样也要对结构关系具有清晰的知识理解。在多数状况下，可靠且有经验的施工人员就会采取适宜的技术，然而在面对复杂问题时就可能需要征求建筑鉴定员、建筑师或结构工程师的建议。维修泄水板的开口端末处通常作业都较简单，因为除非有承载的过梁外都能设置流通的通路。当在复杂的空腔内新设置不适当的空腔泄水板时，采用制造商所提供的预制挡水板构件或铅板构件是简单的做法，可减少不良状况的产生。

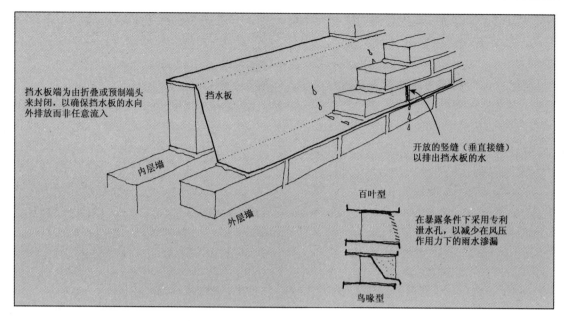

挡水板端为由折叠或预制端头来封闭，以确保挡水板的水向外排放而非任意流入

挡水板

内层墙

外层墙

开放的竖缝（垂直接缝）以排出挡水板的水

百叶型

在暴露条件下采用专利泄水孔，以减少在风压作用力下的雨水渗漏

鸟喙型

图96　空腔墙内设置空腔泄水板可保护开口

图97　设在坡顶垫底横木处的阶式空腔泄水板

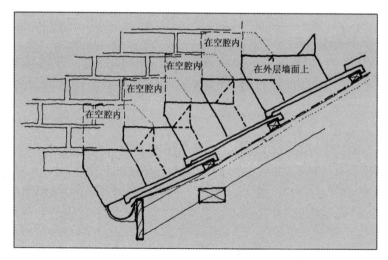

在空腔内

在空腔内

在空腔内

在外层墙面上

在空腔内

墙覆面

　　虽然墙体铺设覆面的基本原理很简单，即提供"建筑的雨衣"，但材料与细部设置的内容却是多得杂乱，其中材料包括木板、石板、"精致的陶板"、抹灰与金属板。简言之，屋面所采用的任何材料一般均能用在墙覆面上，但细部处理有所不同。

　　以砖与石材的砌块材料，作为外墙非结构的建筑表皮，严格地说可称为覆面。采用壁架与夹件所固定的石材覆面薄板片，已广泛地用至商业建筑中，但在住房中的应用甚为少见。即使过去最普遍使用的砌体覆面，目前也已经转变成木构架建筑的砖表皮，利

82

用系材固定在能自我支撑的外墙构架上。

从 20 世纪 20 年代开始到 60 年代时，"系统化生产的建筑"采用不同的混凝土、金属或岩棉水泥板或瓦片覆面材料铺盖在钢骨、木骨或混凝土框上。这类建筑曾被轻蔑地称作"预制活动房"，如单层、轻质、框架、铺盖覆面的建筑，这类建筑皆经历过各种战争，可证明其经久耐用。

"雨帘"是一种普遍使用的经济型覆面，具有开放可活动的细部处理，是完全通风的系统，使用木板或金属板材料采用不密合的叠合或密封设置。与叠层的金属板、木夹板、石板、瓦片或抹灰的设置方式有所不同，这覆面是初接触气候与环境的阻隔物，且无依靠背覆的内衬垫或包覆材料支撑。这种雨帘在上世纪末才引入作为覆面使用，因此在建筑的应用中不甚普及。

防雨渗漏覆面的历史与屋面发展的历史同样古老。在构造暴露较多的地区，像是海岸地区均可见到有许多使用石板料、瓦料与木料覆面的建筑，常会遇到严重的暴晒问题。

易遭受潮湿渗漏的常用屋面脆弱特性，已在前文详述过。对于两种常见材料：抹灰与木料，并未包含在内，然而这却是制定"建筑覆面"施工规范的重要部分。

抹灰

抹灰是在现场拌合水泥、混砂石灰或其他骨料，施作在墙外表面的施工方式。因为施作在墙外表面，故需具备防水与易施工的特性。抹灰的名称也因材料的质感而有所不同，像是浮木质感、抹卵石质感、麻纤维质感、抹晶石质感等。由于不管是哪种产品均应根据相同的基本规则应用施工，因此均会面临着类似的问题。有种独特的系麻纤维质感抹灰常见用在苏格兰，采用现代多质感着色的丙烯酸装饰涂料制作，为 1 ~ 2 毫米（1/16 英寸）厚。英国国家标准的实践规范 5262 条中，有提出关于各类材料与拌合物和施工技术的建议。

有两种常见的抹灰墙：直接铺涂抹灰的实体墙，与支撑木"骨架"、架设金属丝网的木骨框架墙。采用砂浆作为砌体填缝抹灰的基本原则：填缝砂浆强度不应高过基材强度，当然也不能高过打底层强度。过去高强度水泥抹灰曾因相信它的高强度而被广泛地错误使用，一般采用 1 份水泥掺 3 份砂的比例，曾以为能产生较佳的耐候性效果，但往往并非如此。

导致潮湿渗漏的抹灰失效特征有下列 3 个：首先是开裂，其次是空鼓，最后则是脱落。

开裂

抹灰开裂是常见现象，它能从无害的状况到产生灾难性破坏。木框结构的抹灰开裂一般会比砌体结构严重，因为有腐朽的风险。开裂通常会因施工后的抹灰层收缩，或因打底层的位移所产生。

几乎无法见到的发丝状无害收缩裂缝，在抹灰材料中呈现均匀地分布。倘若发生在能支撑强度的水蒸气渗透抹灰层中，它们可能就不会造成危害，仅会因天候的改变而依稀可见。

较严重且需要维修的，是出现频率少但尺寸较大的裂缝。这裂缝可大到 0.5 毫米或者更多，并可足以让水分渗漏透入，裂缝多发生位于楼板面接近开口处的着力点上。这些裂缝多由于收缩所产生且会在涂抹抹灰后迅速地出现，采用简单维修就可成功地治理。假如裂缝出现在可能会产生位移的打底层，它们就会在维修后再度地出现，此时在产生位移的勾缝或局部缺陷处重新抹灰是必要的做法。

治理抹灰裂缝是件困难的工作，特别在光滑的涂层面上。假如打底抹灰具有耐湿特性，且具有适度的水蒸气渗透性，比如：采用强度不及 1 份水泥混合 6 份砂的砂浆，那么把裂缝留着不治理还是可以接受的。但是，当潮湿渗漏成为问题且开裂的抹灰似乎也成为威胁时，裂缝的问题就不能忽视。

除非是历史建筑或"原始的抹灰"，将已开裂的抹灰铲除与重涂抹灰可能是较佳的做法。如果不接受，就可以参考下述的裂缝治理方法：

● 找出至少 6 毫米（1/4 英寸）宽，且深及整个开裂抹灰层的裂缝。

● 以真空吸出或吹气的方式除去灰尘与碎渣。

● 采用柔性枪式密封胶来充填裂缝，一般常用硅胶（或适用在涂层的丙烯酸涂料），所封补处不是重要的外观（对于本身有色、未涂刷的涂层而言，采用透明的密封胶会比有色的密封胶更加不显眼）。

● 或者，润湿裂缝处后再填入比抹灰稍弱的砂浆胶泥，可用类似或稍微细粒的骨料。对于水泥或水泥石灰砂浆抹灰，胶泥中需额外混入熟石灰。假如抹灰被认为是 1（水泥）:6（砂）或 1（水泥）:1（熟石灰）:6（砂）的拌合比，修补胶泥则是 1（水泥）:2（熟石灰）:6（砂）的拌合比。

胶泥中仅加入足以维持工作度的水分，因为额外的水分将会增加过多收缩的可能，而使得材料再度开裂。倘若裂缝治理采用高强度的水泥抹灰，就无法改善由蒸发来释出潮湿水分的能力。虽然构造经过修补后可减少雨水渗漏，但可能只能减少些许的潮湿而无法克服全盘，特别是在额外产生吸附型潮湿处。

石灰抹灰是一种传统的石灰胶泥，这种抹灰能软到足以让手指甲刮掉，采用油灰或熟石灰胶泥来进行修补是种重要的做法，这做法无掺和水泥。因此胶泥的拌和比将可较高，可能的比例是 1（石灰）:3（砂）。

在偶然的情况下，或许会见到使用坚硬的熟石灰抹灰，也可证明使用 1:2 比例修补胶泥的合理，然而这需要依靠原有石灰与新设石灰间的强度关系来共同维系论定。施工时应当听从石灰供应商、当地文保部门与有经验工匠的建议。

有许多专业的胶泥供应商在进行治理作业时，会结合使用混凝土或砂浆等抹灰。在实施大规模的治理作业时，专业人员或许会到现场指导建议；但大多数的屋主在针对小规模的治理时，较听从他们的建造工匠、鉴定专家或建筑师的建议。针对大规模的治理，应在治理前认识会产生抹灰失效的原因，以避免再次出现失效的可能。

有二个重要的抹灰原则：抹灰胶泥的强度应当稍微弱于打底层强度，与新抹灰涂层应当与原建筑覆盖涂层"保持一致"。在墙面不同的材料连接与开口处连续涂抹无勾缝的抹灰时应控制无孔洞的产生，因抹灰会因孔洞而沿着应力线产生开裂。需在组合式不锈钢或镀锌金属卷边处适当地设置伸缩接缝，可容许因长期风化与外观改变而产生的位移。要避免金属边缘接缝的密封处老化可由悬挂"钟口形（belcast）"护条在接缝处以产生遮挡效果，两金属护条间需设 6 毫米（1/4 英寸）间距，并在缝内填注硅胶密封。

在面对强度非常低的基底层时，有种在墙面设置金属条板的特殊做法，可产生风格一致与强化材料的连接。关于 20 世纪 70 年代 位于多塞特地区的两幢夯土墙谷仓改造方

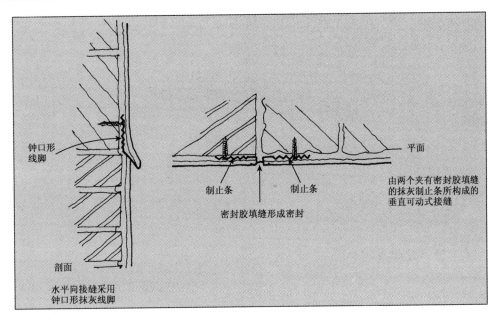

图 98　在抹灰饰面上设置可动式接缝

图 99　采用悬挂式"钟口形（belcast）"金属抹灰线脚可防止材料老化

案，在那处夯土建筑中有许多新设置的开口，并需针对砖作进行修补，由于建筑物的非规整碎石墙基也使得接合的接缝布局混乱。在方案中将镀锌的延展金属薄板钉至所有的墙面上，并以水泥、熟石灰与砂按照 1:1:8 与 1:1:9 两种比例的低强度砂浆进行抹灰拌合，并在底涂层采用切细的聚丙烯纤维加固。过了 30 年后，被着色的抹灰层依然维持不裂，且铺盖在各种打底层上都显得很合适（详见图 100）。

脱粘剥离

抹灰从基底层脱粘剥离的问题几乎同开裂问题一样常见。这个问题是由于基底层的不适当"底涂粘合"所产生，通常表示着基底层的材料太过光滑，或因抹灰胶泥在施工时的材料密度过大和困难渗透所导致。传统砌块材料是依靠挂缝或非嵌缝以砂浆勾缝来提供抹灰底涂固定粘合。对于采用大尺度砌

图100　覆盖在不同的基底层上的已着色抹灰，30年后依然维持不裂

块的砌体构造，勾缝可能就会产生间缝过宽的问题，可采取砌块表面凿毛的做法来加强粘合的效果。

对于表面非常光滑的密实材料，像是工程用砖或混凝土需采用"底涂"或"喷浆"的方法来粘合，通常的做法是将一种高强度干燥的胶泥喷涂在砌体表面，任其自然干燥成型。由于没有其他方法可改善底涂的粘接问题，因此当抹灰剥离时抹灰几乎就都需要更换。剥离的范围少时，将它保留在原处是安全的。采用螺钉、螺钉塞栓与垫片等的机械性固定，可将较大范围剥离的胶泥牢固地固定在基底层上，但需要在改善粘接底涂的材料表面重涂抹灰。

历史建筑需要采用灌浆方法来翻修与重涂抹灰，但这是保护专家的工作。对于多数的历史建筑，采用合适的材料来进行更换脱离或损坏的抹灰层才是适当的做法。

对于框架结构建筑，底涂通常涂在条板间。过去这些窄条、水平成条的木条板被钉在框架上，现今被各种样式的金属条板所取代，大多数所使用的是展开的镀锌或不锈钢金属网。木条板底涂规定需充分地涂布在条板间稍微分离的缝隙内，使得抹灰胶泥能挤塞进条板间。同样地，金属条板的缝隙也应能容许抹灰胶泥渗入。

脱粘剥离的问题常发生在抹灰开裂的起翘部位，因木料腐朽、钉子锈蚀或金属条板腐蚀等条板失效问题而产生。在铺设条板的传统抹灰层需掺入马毛或类似的天然纤维来加固，来改善底涂的粘接强度，现代的抹灰材料则多混合玻璃纤维或切碎的塑料纤维绳股以达到类似的效果。

具有特别精致装饰"石膏墁饰"的历史

图 101　缘角抹灰可使得老建筑的边角呈现出雕塑效果，也可防水

建筑，这种浮雕装饰外墙胶泥广泛地出现在东英格兰地区，采用更换木条板的方式或许是必要的做法。然而，在不同部位也可设置不锈钢或镀锌条板，不锈钢在长期使用时的质量较佳，但在修补治理时较费工。

抹灰层剥落

抹灰层剥落会根据胶泥的状况、区位设置、暴露条件的差异等不同因素而产生。传统的石灰抹灰强度较弱，就使得它们易产生变形与吸释潮湿。强度较高的水泥抹灰易遭受腐蚀损坏与污染危害的影响。

传统抹灰具有"减缓腐朽"的特性，可使得基底层不易形成危害，这特性归功于它的透气性，即当潮湿水分渗漏到墙勾缝时会即刻蒸发。这与坚硬的水泥抹灰就形成显著

对比，坚硬的水泥抹灰会在开裂剥离处产生雨水渗漏，也会因不渗透的抹灰层阻止水分蒸发而产生脱粘剥离的缺陷。有许多案例可验证，坚硬并暴露水泥抹灰的砌体墙，完全无法减少雨水渗漏，反而还会造成更严重的收缩与开裂状况。它会阻止吸附潮湿的蒸发，而加重已有的失效问题。

烟管内的抹灰会遭到排烟的硫酸盐危害。在严重的案例可见，重涂抹灰只能暂缓问题以维持短寿，即使烟流为直流排放，由于腐蚀盐分会残留在砌体缝内，而持续影响新的抹灰涂层。然而，采用抗硫酸盐水泥或许可改善抹灰的寿命。

设置妥烟管周边的突缘与悬垂处理，可改善烟管盖顶的老化问题，与减缓抹灰与砌体结构的雨水渗漏，延长抹灰涂层的寿命。但无论如何，如果可以不抹灰就都应当避免烟管抹灰，因为这抹灰会带来日后需要不断地维护的困扰。

木料覆面

传统木料覆面的种类可从在粗糙开口上使用的不牢固波形护墙板，到现在滨海城镇常见如同用在船体防水的焦油板。它们均属于传统覆面板，均需要适当的方式维护。

木覆面板的种类

由于木料可就地加工，因此可生产各种不同的覆面类型，可常见下列的 5 类：

● 缺棱边板：取自锯切所剩的边角材料，就像从树上取下的材料，通常树皮都还保留在上面。由于过去的锯切费工、昂贵，只能进行少量的锯切，因此产品是廉价与粗糙的。然而，当电动锯切普及后，全锯切的木料覆面反而就变得经济廉价，缺棱边板只能作为如图案般的粗糙装饰面板。

- 削边护墙板：为对角线锯切的产品，且透过削边固定在搭接的上层板下方。这样做是为了经济铺盖与良好地保护固定处，锯切面的涂饰处理可延长木料本身的预期使用寿命。

- 鱼鳞板：为机械加工产品，通常刨削平滑较削边板更为"细致"，以便可"平叠"在下侧板上。将上层板叠盖并钉接固定使得可形成保护，但板的刨光面较锯切面需要更多维护。"表面未涂装的"刨光木料就无法像锯切板使用得耐久，因此鱼鳞板通常都需要刷漆或着色保护。

- 板与条：基本都是竖向设置，且被叠盖的条以密缝紧密固定在板间。木条的固定处是暴露的，且板与条间需错缝设置使得可促成气流循环，因而可增强木料使用的耐久性。

- 防雨板：可设置成任何角度，也可将板分开设置。倾斜设置的水平向板可将雨水导排到外侧，板的形状也并非是固定的，因此防水的问题可由支撑在木条后侧的垫层薄膜完成。对于木料防雨覆面，缝隙处理是长

期使用成功的关键，因为它可形成空气循环而使得木料风干，这样会较紧密叠合的状况坚持得更久。

由于现今垫层薄膜材料已有效地应用到营建构造中，因此传统的木料覆面就需全面地做好防范气候影响的保护处理，采取紧密叠合方式来防范风雨侵袭的问题。

覆膜、涂料与着色处理

有些传统木料覆面材料，如橡木或其他的耐久木料，就不需要依靠覆膜来保护材料抗风化，从19世纪末或20世纪初开始使用的覆面，采用廉价的软质木料并涂装涂料、油料或焦油产品。然而较薄的防腐保护材料，像是杂酚油与后来采用的防水与防腐涂料，均能妥当地保护木料。此外，像是涂布涂料与特殊焦油涂层的较厚涂层，也能形成覆盖在覆面表层可抗风化与防水的覆膜。

由于木料覆面会随着温度改变与风压作用而产生明显的移位，因此连续涂布的表面涂层很少能保持完好无损，此时需要依靠频繁地涂装来维护防水性。若不这样处理，裂

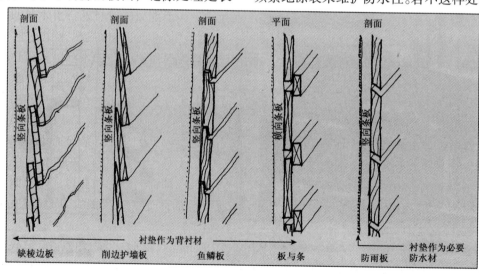

图102　木料覆面的常见类型

缝就会沿着木料的接缝处产生，随后就会导致雨水渗漏，这些渗水就会因材料表面的防水涂膜而留存在板内并造成木料腐朽。采用涂布焦油或涂料的木料覆面建筑，可能就需要选择其他方式频繁地维护或重铺覆面。除非原覆面所产生的问题是简单易处理的，要不然重铺覆面可能就是较佳且合理的选择。由于木料购置成本比维护整幢建筑物的维护成本低，因此选择可耐久的木料是明智的决定，这样就不需要频于维护。

材料的处理、衬垫层的装设与维修

同样地，假如采用不耐久的软木料，就应当将材料加压或真空处理以增长材料的使用寿命。尽管这是项具有建设性的建议，且符合当今的建筑规范要求，在任何新设的木料覆面后侧均应当装设内衬垫薄膜。倘若在传统建筑中重铺设置防雨木板覆面，则会因不利的外观而显得不现实。

假如涂装的涂层需要重新涂布时，木板就应在装设之前涂刷微孔性涂料，这样木板就可全盘地受到保护，达到合理的预期干燥要求。

图 103　防雨覆面：空气缝隙可使得木料干燥让腐朽风险降至最低

图 104　硬质木料覆面可利用装设容许位移的超尺寸孔洞与垫片来产生较佳的效果

对于木料覆面的小面积腐朽或破损进行局部维修是必要的，事实上部分易损木料覆面的魅力在于数次维修所产生的"可见历史"痕迹。

需依循现存的覆面与装设方式，而选择最合适的木料种类、形状与尺寸。倘若需要就应当将系钉升级到螺栓，并将生铁升级到镀锌铁或不锈钢。

木板移位所产生的应力能由固定时设在超尺寸孔洞上的垫片来消弭减少，虽然这种做法较费工，但在硬质木板使用时它特别值得推荐，安装孔洞时越硬的木料就越难适受限制的移位。

边桁与檐口保护

采用新型木料覆面可提高墙体的抗风化能力，但会因抹灰或挂瓦和挂石板片的差异，而产生外观的不同。这种木料覆面会因为设置支撑条板而明显地增加墙体厚度，约增加40～50毫米（1.5～2英寸）厚，这也会导致增加屋面边桁与檐口深度。有效的屋顶边瓦尺寸至少应为50毫米（2英寸），较佳者为100毫米（4英寸）或更多。

边角与窗侧处

在过去木料覆面边角是细部处理的弱点，不是设置成简单的铺钉竖向条板或竖向木盖板，就是采取紧密的斜切角接合，然而现今更可靠的做法是在墙板背侧贴付衬垫薄膜。铺钉的竖向条板虽然外表看来粗糙笨拙，但它能接受收缩与移位而提供最佳的效果。同样，边角的细部处理需配合门窗的开口制作成型，此框也能作为覆面"压条"。

陶瓦与石板覆面

能抗雨水渗漏的传统墙覆面材料，采用与屋面同样的陶瓦与石板片。多数设在遭受气候洗礼的山墙山尖处，即在砌体墙顶，该做法可使得建筑结构与室内环境保持干燥。陶瓦与较少使用的石板片，可采用悬挂方式挂在木构架上。

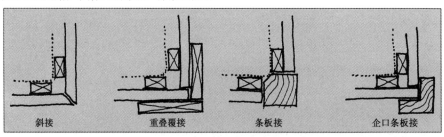

斜接　　重叠覆接　　条板接　　企口条板接

图 105　木料覆面的边角：平面细部

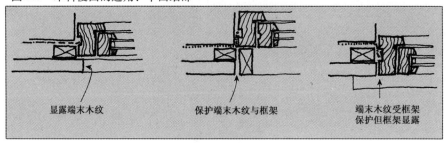

显露端末木纹　　保护端末木纹与框架　　端末木纹受框架保护但框架显露

图 106　位于木料覆面开口处的侧柱细部

固定安装

材料竖向固装在墙面与装设在坡屋面的差别，为装设在墙面须承担竖向荷载，因此就伴随产生应钉固瓦片的需求，即使在受到瓦端凸棱固定的安全处也必要。在强风环境中，有多少看似稳固的瓦片与石板片"表面"将"随风波动"。在无钉接或传统的榫栓环境，面对如此的强风即使是固接的凸棱也会将瓦片从墙面强行剥落。在屋面进行覆瓦、挂板墙修补或重铺覆面时，应当在新设的顺水条与挂瓦条下铺设水蒸气渗透衬垫层。这样不仅可以明显地改善覆面的抗老化能力，也可以促进渗漏或吸附型潮湿的蒸发，这些潮湿水分就不会因为设置不透气的沥青油毡或树脂衬垫而聚积在垫层内。

精制瓦

挂瓦做法常用在英国肯特郡、苏塞克斯与东汉普夏郡地区，这种覆面的特点是使用制作精致的覆瓦（也称作机制瓦或砖样瓦），

这种工艺可提供一种廉价的方法将木框架建筑外观"视觉升级"，像是 18 世纪中叶至 19 世纪中叶所流行的砖构表皮。这种装设较真实的砖立面既廉价，也可节约支付砖块的赋税。此外，它不需要采用水泥砂浆进行勾缝。假使支撑的条板或框架已经腐朽，砖样瓦通常还能回收再利用。但这种构造会形成一种非常明显的气候屏障，使得支撑的木构材料间无法产生通风。因此，这种构造目前就只能因历史的理由而保留，或是使用在叠砌碎石等"等级较低"的砌体环境。

潮湿渗漏的楼板与防水层

楼板是最难分辨吸附型潮湿和渗漏型潮湿之处，且这两种潮湿类型常会混淆出现。无论是传统木料还是现代混凝土构造的架高楼板，均脱开地面且不太可能会遭受潮湿渗漏的侵袭，除非遭遇洪水泛滥。传统夯土地坪面对潮湿所产生的易损脆弱性问题已在第 2 章讨论过，渗漏型潮湿会沿着相同路径渗入夯土地坪内，而产生戏剧性的结果。渗漏

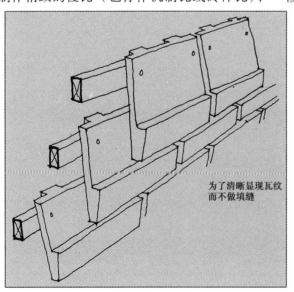

为了清晰显现瓦纹而不做填缝

图 107　砖样瓦覆面——"机制"或"精制"瓦

型潮湿需靠重力作用或风压力带动潮气侵入或渗出地坪，最易遭受危害的环境是低于外地面的地面处。渗入墙内的渗漏型潮湿也会以显著的特征出现在地面上，因此要细致地确认实际的侵入路径是困难的。

对于曾经描述过的楼板吸附型潮湿解决方法，可用来抑制渗漏型潮湿。关于渗漏型潮湿所造成的楼板脆弱问题，最合适的做法是结合传统防潮做法，在现代实体楼板接缝处设置薄膜，该做法在楼板边缘处也常见。

防水层

防水层是建筑物的防水衬里，可隔绝潮湿。它设在楼板与墙面接缝的关键部位，可设在基础与位于地面下的楼层环境。

地面防水层

该防水层多设在高过地面的防水环境，在防潮隔膜与防潮层间的楼板边缘处常可见到涂布"发黑的"沥青，过去制造商所生产

的"RIWing"或沥青乳胶"synthaprufing"产品，到现在都已经下市了。设在周边地下水较低的建筑物，且墙体只做了常规防水，或许有些建筑工人在面对楼板防潮膜与墙体防潮层的接合处理时，会以颇不认真的态度面对可能在当时并不会产生的问题，但这问题到未来却会造成致命性的弱点，同时也会使得环境条件而后产生变化，比如：暴晒程度、室外地坪高度或地下水位高度的改变。

使用在现代构造中的楼板防潮薄膜，通常是树脂薄片，也可用来贴覆在墙体防潮层，这是种可简单施工且可靠的材料。然而，在多数建筑工地现场的粗陋环境中，这些聚乙烯薄片的边缘很容易在贴上构造前，或在塞入砌体接缝处铺盖防潮层保护前遭受损坏。虽然这种损坏可简单地以防水胶布来修补，但这问题往往容易被忽视。

传统但需更换或新设防潮层的实墙构造，所新设的防潮层均需装设在墙内侧面，在

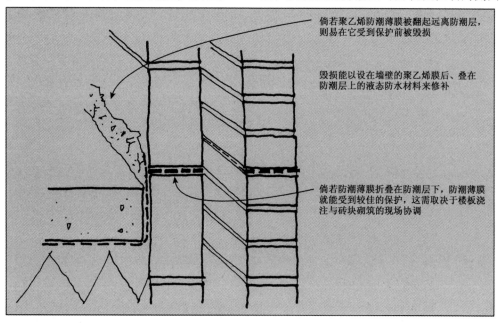

倘若聚乙烯防潮薄膜被翻起远离防潮层，则易在它受到保护前被毁损

毁损能以设在墙壁的聚乙烯膜后、叠在防潮层上的液态防水材料来修补

倘若防潮薄膜折叠在防潮层下，防潮薄膜就能受到较佳的保护，这需取决于楼板浇注与砖块砌筑的现场协调

图108　将防潮薄膜连接到防潮层：会有现场毁坏的风险

防潮层设置规范中已规定新设防潮层的内侧墙面防水做法。这规定包括如何移除现存的胶泥与抹灰层、如何重新涂抹防水或抗盐抹灰、如何涂布液态防水剂，以及如何在顶层覆盖铺设尖锐的沙砾"铺面"，以保护新铺设的胶泥层。所有的这些设置均需小心谨慎处理，才可达到可靠的效果。

可能会出现的典型失效问题是没有适当地清理砌体接缝，导致新抹灰层无法产生适当的嵌缝。以及在接缝内饱含充满盐碱的砂浆，使得抹灰与胶泥的表层产生膨胀与表面"空鼓"。假如新涂抹的抹灰是质量较差的表层材，那么要使用防水剂做到完全防水就会产生困难，即使重复涂抹覆盖也都还是会留下细微的裂纹。假如抹灰层本身无法有效地防水，潮湿便会渗漏入这些缺陷处而深入胶泥。

地下防水层

适用在防水层的材料与系统是多样的，在发展的过程中有些逐渐地演变成为新技术与产品，有些遭到淘汰。主要类型可分成"阻隔型材"与"导流型材"：

● 阻隔型材：包括粘着性复合材，像是Vandex、液体聚氨酯类、环氧树脂或沥青基防水剂、沥青胶砂与防潮薄膜薄片。

● 导流型材：包括许多可排水或通风的空腔材，可用在砌体构造与具有孔隙的薄板材料，像是纽托奈——拉舍板（Newtonite Lath）与 Newton 500。

阻隔型材的类型

阻隔型材料由于它可中止潮湿路径而能有效地形成整体密封，在许多案例中可见该材料可抵抗逐渐升高的水压。

液态材料

水的压力会使得阻隔材料不论在使用时或用后的材料表面形成缺陷，比如：使用液态薄膜的砌体基础墙，假如不当地使用涂膜或砌体基底层，则会因细微的位移而产生裂痕或材料表面有矿物盐渗出而损伤，防水层就可能会失效。塑料与沥青覆膜多具有柔韧性，均能对细微的裂缝产生一定程度的自我修复。然而对于粘着性防水材料，常见为喷涂或涂刷的薄泥浆材料，当砌体的基底层产生位移时，它就会面临着十分脆弱的危险。

粘性材料

纵使如磐石般稳定，砌体结构仍会位移而出现裂纹。对于传统的石灰砂浆，这样的位移是可接受的。然而，对于粘性覆膜就不具有如此的可容忍柔韧性，常会因安装的失误产生移位而使得防水层失效。这所谓的虚假质保案例发生在某住宅中，该案例将住宅的石砌地窖改造成浴室，并采用一款导流材——帕拉顿（platon）系统，这是供应商宣称"最具质量保证的系统"。其中有 6 户住宅签订两份不同的合同，选用不同的专业施工队施工。在这 6 户住宅中，有 4 户在一年内材料就失效，甚至其中 2 户必须重新翻修。原本这些材料的质量保证应可持续使用十年的，然而在工匠再度维修部分失效的防水层后，也对他们的作业会再度失效而能坚持多久毫无任何信心！

沥青

从 19 世纪开始沥青胶砂就被使用作成为高级的防水材料，它不同于黏性材料，且具有足够的柔韧性来抵抗明显的位移。对于该材料的应用，可在楼板与墙面上涂抹 12 毫米（1/2 英寸）厚的覆膜，因此这项专业工作会比其他做法的成本高。作为防潮层使用时，沥青需要在楼板面上进行"充填抹平"处理，同时还要以砖或砌块衬墙来支撑墙体，这些都会增加成本与可靠度，也会占用更多的空间。

沥青抹平涂层

在聚乙烯薄膜占有防潮隔膜市场前的20世纪50年代时有这趋势，许多的施工人员采用不同的沥青抹平涂层作为防水楼板的表面保护层。正确地使用沥青可提供可靠的防水与高质量的楼板表面保护，而较差的产品则含有过多的砂，会使得楼板面上的表面保护层产生破坏，通常这样的产品就会在使用数年后失效。我们发现一处建于1950年仓库改造的表面保护涂层失效案例，在研究合适的治理措施过程中，我与一位曾在20世纪60～70年代为市议会工作的防潮薄膜专家进行交流，且花费多年时间将这样的难题从这案例中排除。该案例的主要难点在于如何清理基底层的混凝土、移除沥青残渣使得新防潮薄膜能成功地粘接。作业中选择性地去除原有劣质的混凝土层，并重铺聚乙烯防潮薄膜、隔热层至楼板。

环氧树脂

由于液态与片状薄膜均需要充填抹平使其能与楼板紧密地接合以抵抗水压，有某些水溶性环氧树脂产品对于干净的基底层材料具有足够的"抓握力"，可在使用时无需抹平涂层也依然能抵抗水压。

薄片防水层

自粘性片状薄膜防水材需搭接材料的边缘，每卷材料通常为1米（39英寸）或1.2米（47英寸）宽。由于安装时的搭接是常见的作业，因此施工技术的好坏是成功的关键所在。为了保证施工质量，不论是光面混凝土还是细工涂布的抹灰，砌体表面均须采取非常高的标准来进行饰面处理。自粘性薄片需均匀地铺设，控制无任何褶皱或残留空气

图109　20世纪50年代的劣质沥青砂浆抹平层

的产生，且被搭接的接缝需能牢固地卷在一起以形成可靠的粘结。如此良好与严谨的工艺技艺，对于施工人员在一处条件一般的建筑工地是难以实现的。

关键的细部问题

由于水的压力作用，通常位在墙体与楼板接缝处的阻隔材会显得特别脆弱，尤其是在给排水管、瓦斯管与电力设备进入建筑处，就如同它们设在地面下一般。在液态阻隔型材施工时，不论作业至何阶段，比如：当楼板涂层超前完成于基础墙体时，均需将后设的涂层铺盖在前层上。即使这叠盖的细部随后会受到"荷载"作用，或许是建造墙与其上所铺设的抹平砂浆，需将搭接处进行严密的接合与清洁处理就可解决这问题，这是成功的关键。我曾在布里斯托建造一座新的地下档案馆库时，虽然获得供货商与现场监理的建议，但由于接缝处未处理妥当，而使得搭接接缝最终还是失败的。要验证造成这失败的原因也很困难，因为调查的过程会造成"证据"破坏。可能发生的状况是落在底层的尘埃或碎渣，在铺设上层时没被清除，即使在其上砌筑了墙，但仍会使得水压作用在两个层间。在这个特殊的案例中，在地下室楼板面的高度铺设排水管，并以一个双泵系统与排水管连接，只要这泵能维持运行就可有效地排除水压。

在设置防水层时，若墙体或楼板明显低于地面，就应当设置导流装置，而非仅仅是设置阻隔型隔膜。对于全开挖的地下室基础墙该做法就会存在缺点，由于没有较低的地面或下水道可供排水，只能依赖排水泵抽排被防水层阻隔的积水。事实上，在英国防水标准（BS 8102 1990）中就特别推荐一款支持阻隔型防水的排水系统，该系统会存在因

粗糙的施工技术而产生失效的风险，和治理起来十分困难的问题。然而，在某些案例中可见，部分较低高度的地面或排水管，也有采用重力排水的做法。

导流型材的类型

导流型防水材设在潮湿墙体内，利用内外面墙间的排水空腔来进行排水。虽说空腔的尺寸并非是严格的，但厚度应超过 6 毫米（1/4 英寸）以上。

排水空腔

过去这种空腔的惯例做法，是在建造砌体墙时将内侧墙从外侧、潮湿的地下室基础墙分开设置而成，空腔的底部需留设排水沟渠。这是一种可靠、耐用且简单的做法，但它明显会存在着占用空间的缺点，所占用的空间至少是 140 毫米（5.5 英寸）厚，常为 175~200 毫米（7~8 英寸）。虽然在墙内侧面架设木构架并衬垫设置聚乙烯薄板的细部是可能的做法，但要能成功地掌握使用聚乙烯薄板是件困难的课题，这样做对于坚实、抗潮能力强的砌体结构来说并没有增加多少空间。况且，木构架的隔热性能比轻质砌体构造好，由于聚乙烯薄膜设在空腔内，需在隔热壁骨墙的温暖侧谨慎地设置水蒸气抑制膜，否则冷凝结露就可能会发生在空腔薄膜内侧面，而引发木构架腐朽。

帕拉顿（Platon）方法

这是空腔排水细部处理中最简捷紧凑的方法，是采用一种塑料的"帕拉顿"薄板——类似巧克力盒的坚韧衬板小盒，只是所有的巧克力盒均为相同的形状！该做法最初所采用的材料是"纽托奈—拉舍板"，这是一种沥青纤维波纹板，这种板可钉在潮湿墙

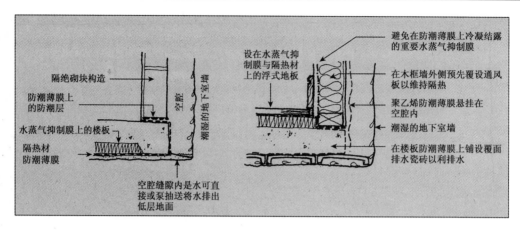

图 110　地下室基础墙的防水做法——可排水的空腔墙

面并涂抹胶泥覆盖保护。它的细部处理是在墙顶与底部设置通气孔，该装置可保护潮湿的饰面，因为它可将潮湿的表面与胶泥隔绝，并让空气在波纹板中形成循环流通。它的发明人是约翰·牛顿（John Newton），如今仍支持使用塑料帕拉顿薄板来进行全面防潮。这种薄板被钉或拴在潮湿墙面，或简单地铺盖在潮湿楼板上，然后再直接地抹灰与粉饰。这种做法所采用的帕拉顿薄板内表面贴着一层纤维网，与涂抹关键的强化抹灰，或干衬铺设素面无饰的石膏板，或硬质泡沫与石膏板材的隔热层板。在楼板的高度面下，帕拉顿薄板需与楼板防潮薄膜搭接，若需要排水则可将水排入常设的地面排水管或排入周边的污水集水系统。

虽然帕拉顿薄板需要紧密地设置缝隙，但为了能直接涂抹抹灰而需留设 150 或 200 毫米（6 或 8 英寸）的间缝，材料需以直接简易的方式固定在墙面上。一般采用螺栓插塞的固定方式，首先需将墙面钻孔，并在塞入标准塑料插塞前，灌注少量乳胶在孔洞中，然后再正常地固定螺栓。由于无水压出现在渗漏点处，因此不需要进行防水处理。这种处理与阻隔防水不同，帕拉顿薄板可提供空间让水排出，因此可防止水压升高，水压的作用会使得任何不良的施工或固定时受损的阻隔型材变得更加脆弱。

我首先详细介绍的是一处位于英国中巴斯地区 20 世纪 80 年代的四幢已荒废的 5 层楼连栋住宅的翻修方案。这座 5 层楼建筑中

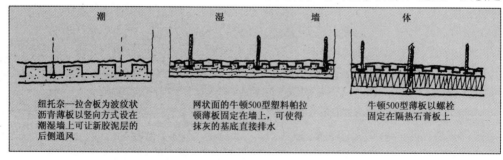

图 111　帕拉顿防水构造的做法——平面细部

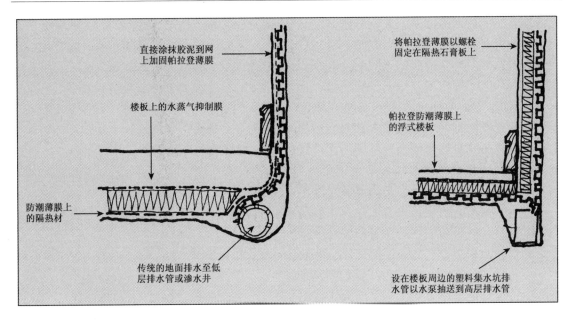

直接涂抹胶泥到网上加固帕拉登薄膜

将帕拉登薄膜以螺栓固定在隔热石膏板上

楼板上的水蒸气抑制膜

帕拉登防潮薄膜上的浮式楼板

防潮薄膜上的隔热材

传统的地面排水至低层排水管或渗水井

设在楼板周边的塑料集水坑排水管以水泵抽送到高层排水管

图 112　帕拉顿防水构造的排水管——剖面细部

图 113　建在悬崖边的连栋式乔治时期住宅——二层楼建在上坡侧…

图 114　5 层楼建在下坡侧，这表示着有 3 层楼高的帕拉顿防水构造连续面对悬崖

有3层楼位于街面高度下，并且背侧是开敞的。位于街面高度以下的住宅前侧"墙"部分面对裸石，因此在潮湿的天气时会有水流出现。在该连栋住宅的其中两栋底层处，采用小拱顶嵌入潮湿石材表面来解决潮湿问题。以5处界墙与15个分隔的楼板结构紧挨着潮湿的悬崖，显然会使得传统的防水措施较难奏效。支撑悬崖的界墙可借由"紧固"来维持构造稳定性，因此将它隔离孤立是不务实的。按照惯例它须贯入岩体中，该做法也经验证是合理成功的。这卓越的成功方法即是帕拉顿防水层，它已被证实可完全有效地使用超过20年以上，其中位于低处甚至连嵌入的拱顶都能保持干燥。五年前我再度回到这建筑并改造空间格局，虽然贯入的部分界墙需要进行防潮处理，但帕拉顿防水层却无需进行任何的治理。

拱顶的预制防水层

还有另一种防水方法也适用于拱顶，它是一种廉价的解决方式。早在20世纪80年代时，就使用在巴斯伊斯兰中心的"洗礼"或洗涤空间内。这建筑位于街道面以下的高度，是从地下室向外展延伸出8米（26英尺）长的半圆形石拱顶空间，拱顶垂直架设在所跨越的小溪上，且平行于上方的街道，因而排水就不成为问题。防水层的做法是将一片非常重的单层聚乙烯板，大小足够铺满整个拱顶，铺设在楼板面上。并以四个长条形、标准的白色塑料披水"厚板"弯曲成马蹄形附在薄板下，且在拱顶下固定间隔处采用"似弹簧固定方式"铺设，以支撑聚乙烯薄板在砌体上。由于拱顶的形状，与塑料厚板本身的弹力相互取得平衡，因此无需进行固定。后在拱顶的全长区域铺设同样的厚板，以提供精致完美、可清洗且双层防水的

内衬，其特点为主要构造是塑料薄板所组构，且能透过厚板本身的材料，而产生具有自我排水、锁合边缘的效果。此外，可在不平坦的石质楼板上铺盖单层大粒径、圆形的卵石，以提供从板材边缘到拱顶下方中心孔洞的自由排水。所有的这些处理都铺着聚乙烯防潮隔膜与瓷砖饰面。

图115　设在街面下沐浴空间内与透湿石质拱顶下的廉价防水层与室内表饰处理

虽然阻隔型防水方法也有成功的案例，也都是为设在全地下室的状况，但我的经验告诉我应当尽量寻找其他可能的导流方法，尤其是在流水出现的地方。采用阻隔方法时，设置二次排水是明智的做法，建议利用水泵抽水来改善施工技术的不足或建筑沉降。

最后，在潮湿渗漏的问题中，洪泛水灾最令人痛苦难忘，洪灾的防护隶属于营建工程的专业领域，这部分内容将于第6章论述。

第 4 章

冷凝结露

冷凝结露是潮湿现象中最复杂与最神秘的特征，但它的原理是简单的。当温暖、饱满潮湿的空气接触到一个冰冷的表面时，湿气就会产生凝结（详见图4）。有两种冷凝结露的类型最为常见：室内结露与构造层间结露。"室内结露"是一种常见且直接发生在室内环境的潮湿类型，构造层间结露则较不明显，因为它会发生在构造层间，甚至还会影响到建筑物的表皮外观。

室内结露

英国住房部在1986年时从事过的一项调查研究发现，有超过20%的住房窗户会面临着冷凝结露的问题，而且有接近19%的住房会遭受到装饰物霉害的损坏。较难辨识与追踪的冷凝结露是由众多的因素所引起：空气温湿度、通风状况与材料渗透性、密度和隔热能力等。虽然材料可维持着相同的物性状态，但空气的条件是会随着时间的改变而多变，特别像是在英国的这种不稳定气候环境，结露症状的发生是无常的，会从断断续续的变化状态到季节性的产生。

空气中的水蒸气量

当空气暖和时，空气中的潮湿就会以水蒸气的状态特征呈现，但是达到饱和状态后就会凝结成液态水。比如：在20℃某特定量的空气能够容纳相同量0℃空气的4倍湿气。

湿度通常是以相对湿度值来衡量的，相对湿度为空气中的实质水蒸气量与空气达到饱和状态时所能容纳最大水蒸气量的百分比值。比如：空气温度为20℃、相对湿度为70%时，若将空气冷却而使得空气温度降到14.5℃时，就会发生冷凝结露。然而，若空气处在20℃与相对湿度为40%的状态，当空气冷却到6℃时，冷凝结露的现象才会发生。形成结露现象时的温度就称为"露点温度"。

虽然达到露点温度时才会出现液态水，但是当相对湿度升高到80%左右时，霉菌就会开始滋生。在前述的两个案例中，当它们各自达到18℃与9℃时，这种状况就会产生。不同的相对湿度特征描述如下：

· 90% ~ 100%："充满蒸气的"；
· 70% ~ 90%："潮湿的"；
· 50% ~ 70%："舒适的"；
· 30% ~ 50%："干燥的"；
· 30%以下："近乎脱水的"；

对于潮湿程度与舒适状态的感觉，每个人的感受能力均不相同，这与人的活动程度和空气的流动状态有关。持续集中的加热方式常会导致局部环境的相对湿度值降到50%以下，这也就会使得需要利用增湿方式或种植室内植栽来维持室内合理的舒适状态。

过去的概念

传统的居住环境很少遭受到冷凝结露危

害，原因是室内环境温度较低，且通风顺畅。借由明火或火炉等形式的加热虽然可提高环境的局部温度，但这样做反而会提高通风效能。就像在会产生水蒸气的厨房，即使是设置开敞的炉火与大烟囱还是会产生非常显著的拔风效应（extract mechanism）。这就如同夏季结露的成因是由于湿气的凝聚，当温暖的空气从室外渗入后，结露就会发生在依然维持如同冬季般低温的砌体构造面，然而这种结露总被误认为是吸附型潮湿，因此这类的夏季结露较冬季结露更为常见。

提高的标准

在过去的一个世纪里，由于住房与人居方式已经产生一些转变，导致通风量逐渐地减少、保温隔热与增温加热标准也逐步地提高。虽然这些改变看似为必需，但这些转变会提高结露发生的可能。此外，提高生活质量表示着会增加日常用水的使用，尤其是在洗涤的空间，而增加潮湿的来源。事实上可适度地将旧建筑进行有效更新而转成新建筑，但这设想往往跟不上经济与需求的改变。然而，如此处理或许反而会使得事情变得更糟糕。对于现存建筑的许多早期改善做法，虽然主要目标的提出是理想有效的，比如说减少通风量，但事实上这样做反而会导致更多冷凝结露产生的可能，并可能会引发未来的健康危害问题。

无害的结露

然而，全盘地指责冷凝是不公平的。事实上在大气环境中，一直都持续地发生"无害的"与可接受的结露。在空腔墙外，温暖潮湿的湿气会穿透墙体，当它渗入空腔时会遭遇到温度较低的外墙内侧面，此时水蒸气就会在内侧面上产生凝结，再从间隙渗入砌

体材料内。然而这现象与少有不良影响的室外降雨效果近似，且在墙基部位的冷凝水还能无害地排走，或在未隔绝的腔体内利用强气流来进行通风蒸发。

第二个典型案例，为广泛地使用沥青油毛毡衬作为铺垫层铺在不透气屋面内的情况。这是一种不透气材料，常铺设覆盖在具有缝隙的石膏天花板冷表面内侧，从浴室所产生的水蒸气就会轻易地在板面产生聚积，而导致戏剧般地产生冷凝结露。但多数传统的案例仅会在天花板面上出现潮湿斑点，这是因为传统的屋顶空间为通风良好的，即使铺设沥青油毛毡衬，大多数所产生的冷凝结露水仍可能会被吹走且无害地蒸发。

有风险的改善

当建筑物在屋顶处过多地设置隔热天花板以进行所谓的"加强改善"时，极其麻烦的结露问题就会产生，因此需要控制屋顶空腔内的通风。我们常可看到为何"有问题的冷凝结露"会广泛地发生在"已改善的住宅内"，尤其会发生在那些20世纪40～80年代间新建与重新装修的建筑。这些建筑的室内环境会存在寂静的空气与冰冷的材料表面，且这种状态的风险也会因为改善而成倍增长。

到了20世纪50年代时，有些所谓已改善的建筑物常以装设气密固定窗并在格栅间铺设25毫米（1英寸）厚的保温毡来进行隔热。当天花板面的温度受到隔热层影响而提高且室内通风降低时，室内墙面与单层玻璃窗就会成为冷凝结露的目标。当时市面上有款设备产品，该产品可吸收与收集来自窗户面上的凝结水。

在20世纪60年代时，有款应用在重修窗面的金属框双层玻璃窗，该产品从玻璃到

窗框均会反复地发生冷凝结露，会使得位于上侧的天花板容易产生图案般的斑点。倘若在天花板内的格栅处设置 50 毫米（2 英寸）厚的隔热层时，则会使得格栅形成"冷桥"，吸引呈条纹状的结露水聚在天花板处。

在 20 世纪 70 年代到 80 年代，重新建造与新装修建筑物时，有越来越多的墙体设计成空腔隔热墙构造，但这构造会增加墙体厚度。由于所设置的构造材料表面都具有隔热特性，因此冷凝结露就容易发生在构造弱点处，尤其是会发生在无设置隔热处理的窗框与门楣。

嵌灯会隐藏着麻烦，尤其是浴室灯，从开始使用后就会产生问题并且持续。装设嵌灯时常采用开敞式支架，以避免过量的热量聚积。但过多聚积的热量将会促进水蒸气快速地上升到天花板之上的顶层阁楼空间内，在阁楼内产生冷凝结露而引发严重的天花板毁损或电力故障，以及潮湿富含在隔热材料内，并潜藏造成木料腐朽的问题。

在 BRE 所研究与推广的优质建筑环境设计规范中，已涵盖着多数自 20 世纪 80 年代以来就已经常用的冷凝结露防范方法。在文件 F2 部分所建议的减少冷凝结露策略，已在 1985 年时被引用到建筑设计规范中。

病症与诊断

最常见的室内结露病症是霉害，典型的霉害会产生灰色或黑色的霉斑，以高密度形态聚集在所受影响的区域范围内。冷凝结露容易出现在低墙角处，在高处似乎就不这么常见。发生在低处的症状常会与吸附型潮湿症状混淆，通过严密的检查可区分出吸附型潮湿的产生是来自于墙内部。此外，墙表面的涂层破坏通常是从涂层内部发生扭曲破裂开始而非从外面，因此这种缺陷就并非由外部结露所引起。

表面处理的效果

出现在材料表面的轻微冷凝结露与霉害症状通常都容易清理，并可维持下部的装饰物保持完好。但是当决定要采取其他的控制冷凝结露方法时，就表示材料表面已经产生糟糕的外观、到处散布着的霉斑。此时可简单地使用稀释的漂白水或类似的温和性灭菌剂来清理，就能使得材料表面快速地恢复到可再度被接受的状态。然而，仅能以最温和的状态断续地使用这样的清理方法，假使冷凝结露的问题没有完全解决，则霉菌还是有可能会再度地生长回来。

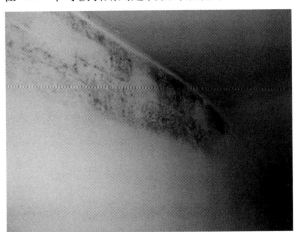

图 116　室内结露所产生的斑点状霉害症状

101

图 117　装设双层玻璃窗后，靠近室外或空气不流通的局部墙面就会成为多数发生结露的区域

冷表面与凝止的空气

　　相较于其他形式的潮湿，室内冷凝结露所展现的症状是材料冰冷、不能渗透的表面与凝止的空气。特别会发生在窗户周边，有时这两个因素会彼此地产生反向作用。冬季单层玻璃窗面通常是房间里侧的冷表面，一般常见到的窗户均安装得相当糟糕且透气，如此反而可以减少冷凝结露的发生，甚至还可能协助结露凝结水的蒸发。一旦这种窗户被密封或通风被阻隔，冷凝结露的问题就可能会加剧产生。在窗户的凹槽处常会存在着

图 119　发生结露霉害的敏感区域常出现在构造失效处，施工人员在针对温室屋顶装设新空腔槽时常会疏忽空腔隔热构造

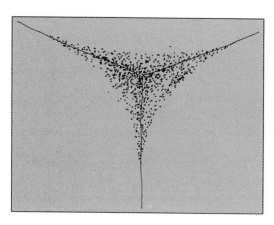

图 118　典型的"三弦月形"结露霉害类型，常出现在天花板角隅处

凝止的空气，倘若窗户与房间被窗帘或卷帘隔开而使得窗面的空气不流通，则不流通的空气将会使得冷凝问题严重恶化。

此外，还有范围较小但特别会产生令人讶异的结露冷表面，像是浴室或厨房等充满蒸气的房间的冷水管面。这类管道常会隐藏在箱或柜内，因此所产生的冷凝结露问题经历多年后也不会为人们所注意，直到潮湿的霉斑严重出现或闻到霉味时才会察觉问题。管道面的冷凝结露症状容易被误认为是管道泄露，要经过严密的检查后才会发现这是扩散在表面的结露水。

一旦墙上装设双层气密窗，那么会形成的冷表面就可能是墙面、天花板与靠近室外的楼板面，如在窗楣、窗框与开口内侧面处。

建造于 1900 年前的建筑物墙多未设置隔热材，因此外墙的室内侧就可能会存在着容易结露的风险。最容易遭受冷凝结露的部位就是墙角、壁龛、间隔缝隙、储物柜以及家具和外墙间的缝隙空间，这些区域的空气流通最少，

且均为暖气片和对流通风都不能送达的部位。有种由于冷凝结露所产生的典型三弦月形霉害就常会出现在天花板角隅处，这种霉害是因为空气流动受到局限所产生。

失效问题的探寻

具有隔热效果的空腔墙，所出现的结露问题通常都会被认为是"构造失效"的特征，表示在那里有"冷桥"或空腔隔热层失效。这张照片（详见图 119）显示一间浴室的墙，在新温室屋顶上所设的空腔泄水板会由于更换空腔墙隔热材而失效，导致在建筑物高处着生霉菌。当在天花板产生局部冷凝结露的迹象符号时，就表示着顶层阁楼的隔热措施已经部分失效。

冷桥

建筑规范已要求在空腔墙的所有开口周边均需设置"冷桥隔热材"，不论原本的空腔墙是否已具有隔热均需设置。在 1995 年公

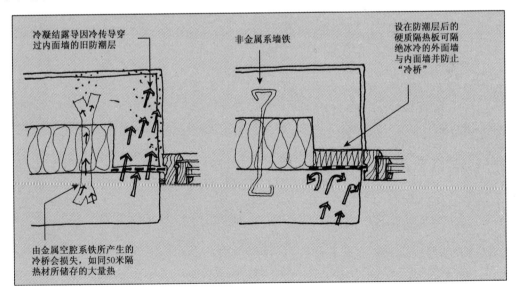

图 120　"冷桥"会发生在任何导热材料中，如金属、砖、石与混凝土等，此症状容易发生在温暖的室内

布的规范 L1 部分可知，老旧空腔墙建筑必须将每扇门窗位所在的内层墙重新处理并与外层墙紧贴，不论这墙的防潮层是否完好均应重点处理，这样做可防止渗漏型潮湿从这些部位渗入室内空间，由于砌体与砂浆可轻易地传播室外的寒气进入室内，而导致冷凝结露。

现代建筑较传统建筑常出现的问题是"结构冷桥"，这种冷桥常发生在建筑外墙的混凝土阳台上。阳台是从混凝土楼板直接外伸悬挑，或以一根钢梁固定在外墙上，以支承面向室外消防疏散楼梯的环境。这些外凸的构造是露出结构，但在当冷凝结露与霉害问题显现后，才会将隐藏在内的病害问题暴露。水蒸气源特性

严重的冷凝结露与霉害的生长均与水蒸气源有关，大多数典型的案例均发生在厨房、杂物间与浴室，尤其是浴室空间。在这些空间所产生的严重问题与影响是很容易解释的，但在其他空间还有未能预料的短暂水蒸气源，也会产生类似的作用，比如：使用无烟煤油、桶装瓦斯加热器和固定位置的开水壶，或是吹干挂在衣架上的衣服或使用烘干机等。倘若在发生问题后立刻将水蒸气源移除，那么就难以解释发生结露病症的原因了。

治理问题的做法

个案处理应遵循诊断的结果来进行判断，但一般的治理程序应为：

1. 减少水蒸气的产生与扩散；
2. 将邻近水蒸气源的环境进行通风等抽排风处理；
3. 改善材料表面的隔热特性；
4. 改善材料表面的吸收特性；
5. 改善加热的程度与分布；
6. 改善通风的程度与分布。

1. 减少水蒸气的产生与扩散

有许多基本的实践方法，包括：在烹饪时盖上锅盖、使用冷热水混合龙头来减少蒸气产生、保持储水箱的盖子盖上，以及淋浴、烹饪或吹干衣服时需关门等，这样湿气就能被排出或至少是维持在原空间，而非穿过房间而扩散并潜藏到容易遭受的伤害处。

2. 将邻近水蒸气源的环境进行通风等抽排风处理

从 1985 年以后，在即使已经拥有开窗的厨房和浴室等空间，均须装设机械或被动式抽排风设备，这规定已被制定成建筑规范的一部分（F1 部分）。因此，抽油烟机与浴室抽排风扇均已成为目前常见的日用器具。再循环式抽油烟机所过滤的油烟难以抽排出室外，也因而难以减少室内的水蒸气。因此，这种设备就不适用规定在新建或改建的房屋建筑规范内。

抽风扇能由可控调变开关，或人工侦测器来控制风扇的"开启"。与商业或公共建筑相比，住宅中使用这种装置来进行控制的

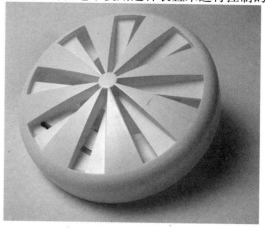

图121　湿度敏感型被动烟管式通风格栅（照片由 Passivent 公司提供）

较少，或许利用湿度调节器来进行控制才是最有效的。当环境的湿度过湿时，湿度调节器就会驱使风扇开启运转。近年来有些制造厂商已经研发出新技术，以提高他们的产品效能。

对于生活在现今环境的许多人而言，被动式烟管通风由于它的现代化外表，而使得人们对它反而变得不甚熟悉，根据建筑规范（F2 部分）规定它是可允许用来替换机械式抽风扇。就它的名称所示，被动式烟管通风在进行抽风时是不需要消耗能源的。被动式烟管实际上就是利用小烟囱，借由自然的"烟囱效应"使得温暖空气驱动上升而促进通风，它可透过垂直或近似垂直的管道从天花板高度连通到接近室外的高通风口，通常通风口位于或接近坡屋顶的屋脊侧。

有些制造商可提供接头、管道与通风口的套件，这些套件均会对湿度产生感应，它们可完全启闭使得水蒸气能渗出与阻隔，也可成为"微流通风"的状态，以利水蒸气的扩散。有个重要的概念，就是管道在通过无加热区域的屋顶空腔时需要进行隔热处理，否则水蒸气将容易在管道表面产生凝结。

3. 改善材料表面的隔热特性

将材料的冷表面进行隔热处理，可有效地避免材料表面产生冷凝结露，然而这会使得冷凝结露的问题转移到其他同样冰冷的材料表面。有效的做法是将厚实的隔热材料铺设在外墙的内侧面上，然而这样的做法却无法在垒石墙构造实践，因此在该构造设置内衬材料是必要的。

内衬垫材料的种类从可卷曲伸展仅 3 毫米（1/8 英寸）厚，用在粘贴隔热层与壁纸或涂料间的聚苯乙烯"衬纸"到不同等级与厚度的叠层隔绝材（12 ~ 55 毫米/1/2 至 2 1/5 英寸厚），与石膏板（通常为 9 毫米/3/8 英寸厚）到半结构的木板条衬垫，或贴在石膏板衬垫内侧面与壁骨间的保温隔热毡。

仅 3 毫米（1/8 英寸）厚的隔热壁纸其实相当薄，但它已经能满足功能需求，它所产生的墙温差可有效地缓和室内气温。质量

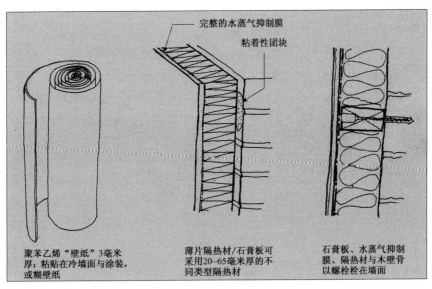

图 122　内隔热材可减少或消除结露问题

105

较好的衬垫材料能提高实体墙的隔热标准以符合现行建筑规范，且可完全治愈严重的室内结露问题，然而它们也容易产生间隙冷凝结露的风险，除非可在隔热层温暖侧设置有效的水蒸气抑制膜。在某些商业产品可见，石膏层板与隔热材间会夹粘着水蒸气抑制膜。但在某些环境严峻的状况下，重涂抹灰或在板面接合处用沥青填缝是必要的。有些隔热泡沫板会较其他板材具有加倍的隔热效果，因此 50 毫米（2 英寸）厚的酚醛泡沫板可提供较 100 毫米（4 英寸）厚的发泡聚苯乙烯板更多的隔热效能。虽然越有效的泡沫板会越昂贵，但是在面对居住使用的问题时，空间节约才是最重要的议题。

对于在已涂装或抹灰的建筑墙面，应涂装不影响墙表面与外隔热材的涂料，这种涂料虽然昂贵，但它可有效地维护墙体热量来稳定室内温度。一般常见的外隔热材为不同规格的泡沫板与矿纤维沥青毡，可在材料面覆盖一层强化纤维或金属网，再涂抹双层抹灰作表面装饰，或在强化纤维材料上薄涂覆盖丙烯酸树脂层，这涂层至少需 5 毫米（1/5 英寸）厚。但需注意的是，在设置外部隔热层时会面对复杂物件，或许是外伸窗台、雨水管、外伸的屋檐檐口或者是门窗框，均会因为构造变得复杂而使得设置的成本增加。

在冷水管的加热区段设置隔热套管，是防止冷凝结露的有效方法。在产生结露状况严重的案例中，所有的接合处均需采用不透水的隔绝材料严密地封护。然而，这处理在面对复杂的管道时可能就会产生难度，在管道内或管道缝隙周边利用水蒸气抑制膜缠绕隔绝才是简单有效的做法，如此就可将管道与浴室隔离。不过必须设置可调控阀门以便未来能进行维护，因为水蒸气抑制膜也可能会破裂毁损。

4. 改善材料的表面吸收特性

这是最简单的方法之一，在受到轻度影响的案例中才会有效。事实上有种能抵抗冷凝结露的涂料，这种涂料虽可改变材质让材料表面憎水，但会滞留冷凝水。水珠若长期滞留在材料表面上，则会使得材料的受湿浸润能力降低，但该涂料也会影响材料内潮湿水分的蒸发。此外，还有其他做法，像更换密实的胶泥粉刷或陶瓷瓷砖，具有吸收性的就地使用材料如黏土或石灰胶泥、或软木板片、低密度纤维板等，这些材料都具有潮湿隔绝的效果。

有些墙面材料，如夯土泥砖、低密度砖和石材，在现场使用时会面临着暴晒的问题。倘若这些材料的表面未抹灰或涂漆，虽然在材料表面可产生一种天然装饰与多孔表面的效果，但这表面会使得日后的清理作业变得困难。

5. 改善加热的程度与分布

局部或间歇地加热容易使得建筑物产生冷凝结露，这是因为过程中容易使得材料表面产生急速温差。要防止冷凝结露就需要维持材料表面温度在空气露点温度之上，这样在设有良好隔热材料的建筑物中会发生冷凝的可能性就可降低，因此也能接受室外气温骤降的情况。反观隔热性能较差的建筑物，就应当设置可蓄热的砌体构造以维持较高的材料表面温度，避免产生冷凝结露。此外，要使得室内空气在加热时形成有效扩散，部分要依赖所使用的加热设备来驱动，部分则要依靠空间的形态与细部设置才能达成。

最常见的加热扩散设备是大板面、低温辐射的辐射暖气片，常设在楼板面但也可设在天花板与墙面高处。由于热量是从加热面向外辐射，然后再从对面或邻近的表面循环

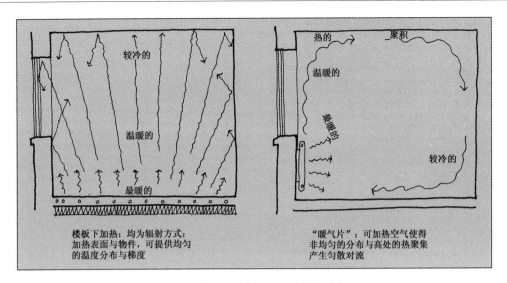

楼板下加热：均为辐射方式；
加热表面与物件，可提供均匀
的温度分布与梯度

"暖气片"：可加热空气使得
非均匀的分布与高处的热聚集
产生匀散对流

图 123 加热方法：加宽加热的扩散范围，就可减少冷凝结露产生

图 124 产生最少冷凝结露的有效通风

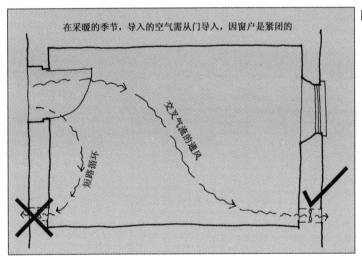

在采暖的季节，导入的空气需从门导入，因窗户是紧闭的

流回，因此就使得热量非常容易地产生有效混合的效果。由于可维持材料表面的温暖，因此就不易产生冷凝结露问题。

倘若能合理地将暖气加热设备设在房间内，就能够使得暖气达到良好的扩散效果。但在空间的角落、缝隙与储藏物品处，也就是流动暖气不易到达处，会存在更多的风险。传统金属的"辐射暖气片"较对流式暖气片效果更佳，根据基本效能而使得它均应间隔安装，因此常会产生些许的"冷点"在暖气片的辐射范围外。暖气片的长度越长，它能够加热的分布范围就可越宽，"踢脚板式暖气片"可利用对流换热来扩大作业范围，就是最好的范例。

要记住太阳是任何建筑的最大"暖气片"，若改善提高建筑可接受冬季太阳辐射得热的能力，与转变利用热得来产生热重力通风，就可明显地协助创造舒适的室内环境，而让建筑物不再产生冷凝结露。

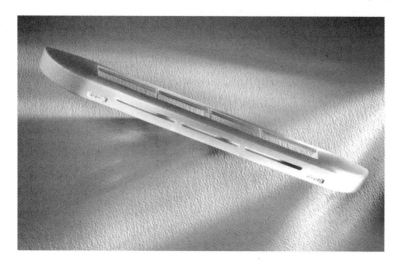

图125　安装在窗框上的微量通风装置对湿度敏感，能在湿度升高时开启，增加通风（照片由Passivent公司提供）

6. 改善通风的程度与分布

　　这种方法会存在风险，尤其是在热损耗量大的环境时，而且会构成在某些气候条件下，汇聚与潜藏湿气并增加冷凝结露的可能。

　　在厨房、淋浴间等具有湿气源的空间，很容易会因水蒸气的侵扰而产生潮湿。因此应将空间进行空气交换，通常空气交换率为每1小时最少0.5次或1次的换气频率，如此就可防止产生冷凝结露。大多数建筑物都存在着相当糟糕的气密问题，导致会产生较正常的空气交换率高5～10倍或者更多的通风特征。

　　不幸的是，设在楼板下加热的家用采暖方式，并无法提供良好的热量均匀分布。或许可利用橱柜的隐藏部位设置成"全建筑通风系统"，这种想法听起来容易但实践起来较为复杂。这装置是设置一组风机单元，单元可通过小型风管从厨房、杂物间与浴室汲取空气，让空气通过热交换器进行预热，然后再将处理后的空气释放到居住或需要循环的区域。使用在小型住房或公寓的风扇与热交换单元，可巧妙地设在厨房墙壁壁柜内，且这些管道通常能与楼板或者墙体结构结合。对于有良好质量或良好气密的建筑物，系统可由通风控制而产生少量热损耗以避免产生结露。

　　在那些装置无法设置实践处，有些简单的方法可改善通风，比如说妥善地规划"穿堂气流"，这是一种可让空气自由流出流入的方式，妥善地安排通风口的位置，气流就能够穿过空间而不构成短路循环。假使在房间中需要装设抽风扇，这风扇就应当设置在引入空气源的相对处，而非相邻近的位置。移除水蒸气最有效的方法，为将通风口设在邻近水蒸气源或较高的水平面处，因为水蒸气易聚集在那里并产生冷凝结露。

　　供应被动式热重力通风系统的供货商，能够提供合适的装设在墙与屋顶通风口，并结合设在窗框或窗格内的槽型通风器。这种通风装置能应对湿度敏感，使得湿度升高时它能开启，在湿度降低时能再度地关闭，可协助克服人们避免因为窗户开启或关闭过久所产生的问题，容许通风但不引发安全危机。

构造内的层间结露

　　这种冷凝结露是隐藏且无害的，若结露

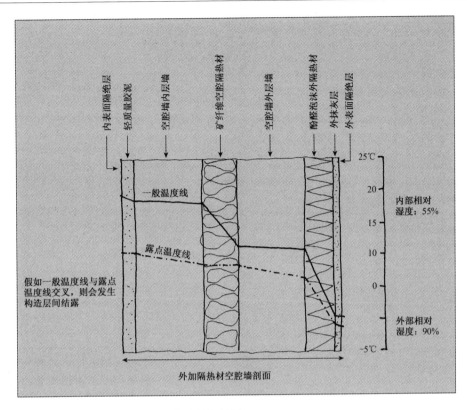

图 126　可利用露点图来预测构造层间结露

是发生在外层面墙的内表面侧则为无害的。但当结露出现在不通风的木结构平屋顶时，它就可能会形成灾难而导致木料腐朽与结构毁损。

在房屋构造中有许多难以触及与隐蔽的"内层空腔"，但这并不代表着水蒸气就无法渗入。当材料的温度下降到室外温度，或接近房屋的外表面温度前时，水蒸气均会在外结构层内渗透。当温度下降时，水蒸气就会因达到露点而产生冷凝，假使冷凝结露发生在能接受潮湿的材料内，像是砖石材，或许就不会产生任何危害，倘若它发生在木料、石膏胶泥或隔热材内，且潮湿为凝聚的状态，则湿气将会对材料产生腐朽危机。

露点图

构造内的层间结露状况可图绘在露点图中，这图乃利用结构图将层间温度图绘标示以检验露点发生的可能性。假如露点出现（表示两线交叉）在构造中的敏感叠接部位，那就可能会发生冷凝结露的问题，但在这区域外就表示应该不会造成结露的困扰。有许多隔热材料制造商将可提供检验与产品结合的特殊构造，并提供购买者检核露点温度的计算方法，以协助认识任何可能产生结露的风险。

耐湿度与透气能力

传统建筑内皆较少发生冷凝结露，是因

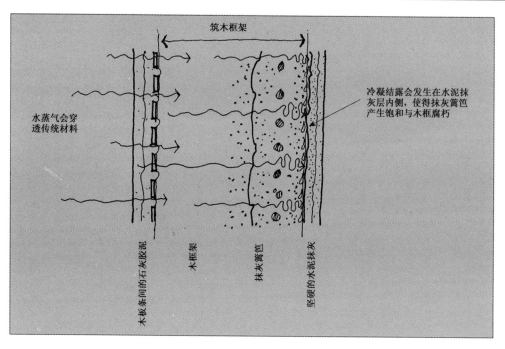

图 127　因采用坚硬的水泥浆涂抹在传统木框构造上产生结露，而带来的腐朽

为这种建筑构造具有耐湿与透气的特性。传统的砌体墙具有"可呼吸"特性，它可吸收构造内的湿气，扩散至构造表面蒸发。同样地，传统木覆面框架建筑的木质材料也具有潮湿渗透性，它与其他材料的组构也具有类似的特性。

　　木骨架建筑之所以会产生层间结露，是因为在构造墙面涂抹坚硬的水泥涂层，涂层会对水蒸气形成阻隔的渗透效果。倘若在墙体冷面抹灰，则会阻碍湿气迁移形成冷面阻隔层，此层会促成结露的发生，而无法让湿气蒸发并导致木骨架潮湿与腐朽。

坡屋面的冷凝结露

　　由于常在屋瓦的下侧设置沥青油毡衬层来保护屋面构造，而造成屋顶阁楼在转变成住房使用时容易产生结露问题。因此，为了创造可充分利用的阁楼空间，常将石膏板固定在阁楼椽子的底部。同时，为了避免减少热量损失，而在椽子间的空隙内充填隔热材，常充填的材料为玻璃棉或矿纤维垫料。下列 3 程序为常见的做法：铺贴油毡衬层、充填隔热材料、设置坡面天花，如此则可使得阁楼空间的使用最大化。虽说这对于使用而言是明智的，但是当各种构材结合在一起而相互作用时就有可能会产生构造层间结露。就因为如此，当来自房间内的水蒸气在渗透过天花板与油毡衬层后，湿气将会凝结在油毡层的底部，此时则应利用蒸发来替代屋顶空间的通风，以避免凝结的水珠渗入隔热材料内，而造成材料的含水达到饱和。渗水会造成托梁弄湿、顶棚弄脏，最终也会导致木料腐朽。

　　在新建或新装修的建筑物中，有下列 3 种方法能克服前述的困扰：铺贴油毡衬垫、铺设水蒸气抑制膜并增加通风。

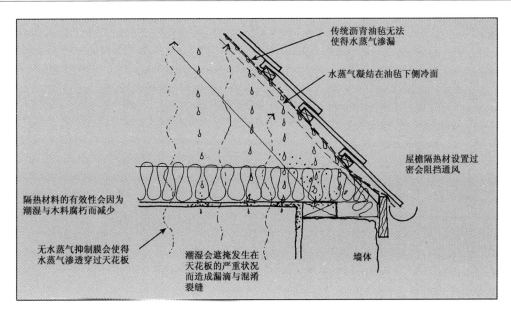

传统沥青油毡无法
使得水蒸气渗漏

水蒸气凝结在油毡下侧冷面

屋檐隔热材设置过
密会阻挡通风

墙体

隔热材料的有效性会因为
潮湿与木料腐朽而减少

无水蒸气抑制膜会使得
水蒸气渗透穿过天花板

潮湿会遮掩发生在
天花板的严重状况
而造成漏滴与混凊
裂缝

图128　沥青油毡坡屋面结露

铺贴油毡衬垫

首先所述的做法是在屋瓦下铺贴油毡衬垫，比如：铺贴可渗透的沥青油毡，这是一种可让水蒸气渗透的衬垫材料，可排除任何渗漏瓦面与沥青油毡的雨水，容许水蒸气透过产生蒸发。这种衬垫材料常流行使用，可在建材供货商店见到，并被建筑检验员所接受。

铺设水蒸气抑制膜

这种做法是利用水蒸气抑制膜来阻挡渗透到顶棚的水蒸气，通常采用的材料为聚乙烯薄膜，在装设石膏板前铺装在椽子底侧。在此所谓的"阻挡"并非完全隔绝阻止，而是将水蒸气"部分阻隔"。非完全阻挡是个很重要的水蒸气控制概念，在装设水蒸气抑制薄膜与石膏板时，垫片与固钉接合均会产生众多钉孔，而使得聚乙烯薄膜产生渗漏。因此，无论在装设固定装备还是安装天花板电缆，均会产生钉孔而形成水蒸气渗漏的其

他途径。

铝箔衬垫石膏板是一种常见的水蒸气抑制板，虽然铝箔具有良好的水蒸气隔气性能，但由于石膏板背覆的铝箔常采用不同的方法粘贴，因此这种处理很难处理得完美。所有的粘贴应采用铝箔胶带粘贴，应贴合得完美且不产生刮伤或穿孔，因为现场施工很容易造成损伤的情况。即使施工技术再如何良好，水蒸气还是难以完全地受到控制。

在已装设且不更换天花板的场合，抵挡水蒸气的效果可由油性装饰涂料来改善，这就如同蛋壳般的特性。就因为如此，即使涂刷3层的涂料依然无法提供如同聚乙烯隔膜般的水蒸气抵挡效果。

增加通风

这种做法为确保良好的通风发生在隔热层的冷表面，与现场设置沥青油毡衬垫的概念不同，这种做法在构造材料的顶部与底部应设50毫米（2英寸）的最小空气缝隙，以

111

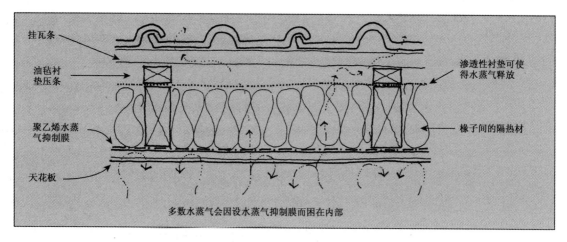

图 129　坡屋面与顶棚空腔间的水蒸气控制与扩散

维持隔热材料与衬垫层间的通风。所提供的充足气流可使得衬垫面上的结露湿气蒸发，而使得隔热材与椽子保持干燥。在新建或更新的屋面构造中，水蒸气渗透衬垫应直接铺设在隔热材上，如此就不会在椽子间垂下。为了能使得任何渗漏入屋瓦的渗水能自由排出，并确保屋瓦下良好地通风，可在椽子上固定装设"竖向条板"的屋面望板，通常为25毫米（1英寸）厚的板片。

平屋面的结露

出现在平屋面的冷凝结露，是一种较严重且不易解决的结露类型。根据材料的特性，平屋面材料既可防水且应为连续的。材料需铺设平整，因此无法以宽松重叠覆盖的方式泄水。因此，不论平屋面是否覆盖铅板、沥青油毡、浇注沥青或单层薄膜，对于面对室外的雨水与构造内的水蒸气，平屋面一般均不具有渗透特性。

冷屋面

小型建筑物的屋顶或增建物的平屋顶结构，所设置的格栅为100或150毫米深（4

或6英寸），由于它的深度较浅且平，较难使得室外气流从格栅间的空隙流通，因此往往会使得屋面的状况每况愈下。常见的典型平屋面皆具有气密特性，格栅间无任何可让气流流通的通风路径。

符合正确建筑规范的平屋面做法，为在屋顶2个相对侧边至少设置25毫米（1英寸）连续等距间隙的毛滤板通风口。在隔热层上、屋面板下，也应当设置50毫米（2英寸）的间隙以利于空气循环。

对于设50毫米间隙的小格栅，隔热材应当装设在格栅下，倘若隔热材采用片状石膏板，就应在石膏板与隔热材间设置水蒸气抑制膜。此外，深格栅由于留设空气间隙与适当的隔热层厚度，因此水蒸气抑制膜就应当在安装顶棚前先装设在格栅下。设在内侧的隔热层常可被认为是"冷屋面"，原因是屋面板与部分结构设在隔热层外侧，相对地表面温度较低，因此称为冷屋面。

暖屋面

在平屋面结构内设置隔热材与水蒸气抑制膜来避免冷凝结露，为典型的"暖屋面"

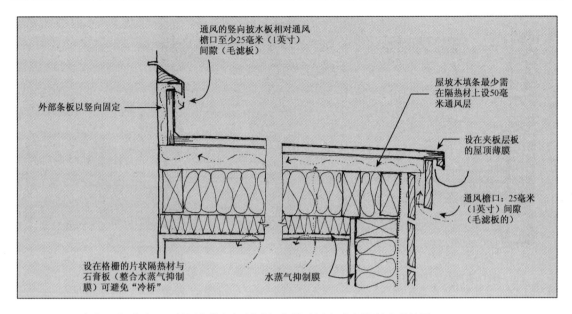

通风的竖向拔水板相对通风
檐口至少25毫米（1英寸）
间隙（毛滤板）

外部条板以竖向固定

屋坡木填条最少需
在隔热材上设50毫
米通风层

设在夹板层板
的屋顶薄膜

通风檐口：25毫米
（1英寸）间隙
（毛滤板的）

设在格栅的片状隔热材与
石膏板（整合水蒸气抑制
膜）可避免"冷桥"

水蒸气抑制膜

图 130 "冰冷"的平屋面：利用水蒸气抑制膜与交错通风方式来控制冷凝结露

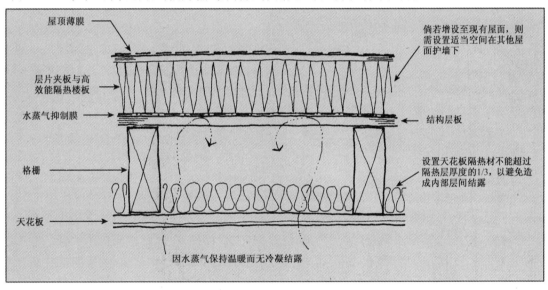

屋顶薄膜

倘若增设至现有屋面，则
需设置适当空间在其他屋
面护墙下

层片夹板与高
效能隔热楼板

水蒸气抑制膜

结构层板

格栅

设置天花板隔热材不能超过
隔热层厚度的1/3，以避免造
成内部层间结露

天花板

因水蒸气保持温暖而无冷凝结露

图 131 "温暖"的平屋面：结构外侧的隔热材，无须通风可避免冷凝结露

基本构造设置，因为结构与屋面板可由隔热
材料来维护温暖。传统油毡平屋面的寿命并
不长，因此定期更换屋顶覆面是务实的做
法，应当在屋面留设足够容纳隔热材料的厚
度。如使用质量较佳的泡沫隔热材，如酚醛
泡沫的片状胶合板，则平屋面的高度就需要
增高大约90毫米（3½英寸）以满足建筑规
范。这样设置会增加屋面格栅间1/3以上的
隔热量，但应避免增加使用更多的隔热材，
否则将会容易在屋面结构内再次出现结露。

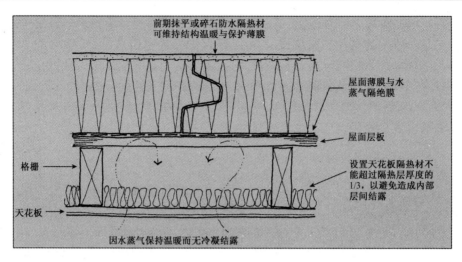

前期抹平或碎石防水隔热材
可维持结构温暖与保护薄膜

格栅

天花板

屋面薄膜与水
蒸气隔绝膜

屋面层板

设置天花板隔热材不
能超过隔热层厚度的
1/3，以避免造成内部
层间结露

因水蒸气保持温暖而无冷凝结露

图132　"倒置"平屋面：设在隔热材外可保护薄膜与结构而无需通风

有个重要的概念是铺盖在层板上的隔热材料除非已具有阻止水蒸气渗透的效能，否则就需要在构造内全面地铺设水蒸气隔膜。

倒置屋面

有种平屋面处理的最佳做法，这种做法可隔绝暴露在室外的薄膜，所设置的屋面就称为"倒置屋面"。这种做法不仅可维护全屋面结构成为隔热的围护结构，还可以保护屋面薄膜避免遭受温差的骤变危害。这种细部常用在屋顶花园的底面，所得到的保护特别具有价值，且所增加的高度还能多吸收花园中聚积的水分。适合处理这种细部的隔热材料为不透水与密实的泡沫板，由于此构造是疏松平铺的，因此需要透过一层厚重的卵石层或铺地材料压实以抑制因风所产生的扬升浮力，厚度约为50毫米（2英寸）左右。DOW牌建筑产品的Styroform Roofmate泡沫塑料系列板材，是项具有锁合与表面抹灰抹平的隔热板，可避免负载沉重的碎石需求，这种材料特别有用于设在轻质结构的家用屋面上。

墙覆面层的冷凝结露

墙面覆盖不透水材料，会产生与平屋顶结露类似的风险。之前曾提过的涂敷水泥木骨构架建筑就是典型的案例，但更严重的问题还是会发生在金属与塑料覆面。

金属覆面在英国建筑中并没有普遍使用，虽然目前还能少量见到设在20世纪40～50年代的金属覆面预制房屋，但在最近这几十年间也开始见到有些异型金属的"工业美学"逐渐地杂糅到新设计的现代建筑中。

硬聚氯乙烯塑料覆面已市场化成为木料的替换材料，它被制作成仿木纹样。假如这些覆面是细致的材料，且装设时能让塑料板背侧的上下侧边缘导入良好的通风，这样就可能不会产生结露的问题。若覆面处在会面对严重暴雨的场所，则材料边缘处就应当进行大量的密封，毕竟材料内部最终还是可能会遭受结露的困扰。

即使是采用双层表皮或是泡沫蜂窝状可改善隔热效能的塑料覆面，最终还是会面临着冷凝结露的问题，因此应当在墙体内或者空腔处设置隔热材料来进行改善。

常用在建筑物内的其他覆面层材料，比如胶合板、密实矿纤维板或硅酸钙预处理覆面板，都具有严实的水蒸气阻隔能力，因而很可能会导致构造内部产生冷凝结露，除非它们在装设时已设能够任意通风的导流遮挡装置。

楼板内的结露

楼板是结露较不易被察觉的区域，构造层间结露在此处会产生严重的问题，尤其是会发生在铺盖地板面并具有通风孔隙的架空楼板内，或在能将外部气温导入楼板底部的通道或车库中。

木架空楼板

架空楼板是将木板架设在格栅上，而未设置隔热层或者其他的构造保护。虽然或许会产生一些结露，但透过楼板下穿过地板的气流就能带离出这些湿气。一旦产生所谓的"改善"，冷凝结露的状况反而可能会变得更为糟糕。举例来说，假如采用铺板的方式铺设片状铺地来减少架空层间的通风，则可能会导致表面结露发生在楼板构造层的内侧面。此时若要在格栅间装设隔热材来减少损耗的热量，则最好采用纤维材料，因为这种材料能与底材形成紧贴而减少通风，除非是能够进行非常精密的切割加工并精确地装配完成刚性隔热板。假如隔热材无法进行紧密安装，则水蒸气与结露就可能会集中在局部区域，而导致材料产生质变。因此，最好的处理做法就是结合铺设聚乙烯材质的水蒸气抑制膜，在格栅层上和楼板下的楼板隔热层内。

设在格栅间的任何隔热材料均应能完全透水，这是项非常重要的概念。铺设在隔热材的面层材料，最好使用聚丙烯网，就像是保护果树上的水果避免鸟类危害的保护网材，应将这网悬挂在格栅上，用系钉固定在格栅的底部。

假如能够满足像是地窖或是地下室环境的场合，比如：在相当寒冷的环境中，当已在石膏板天花的隔热层上侧铺设水蒸气抑制膜时，才可推荐使用石膏板。否则，则应将加强水蒸气透气的毛毡衬垫简易地钉接固定在格栅的底侧。

需要确保楼板下的缝隙可进行有效的交错通风，假如架空楼板已在某侧被"切断"通风，比如：若受到增筑的混凝土楼板扩建影响时，则绕过阻碍物或者在板下侧设置必要的通风管道、采取安装垂直通风管或是抽风扇来克服问题。

混凝土架空楼板

同样的问题也会发生在混凝土架空楼板中，不论是实体混凝土板、"梁与砌块"或"梁与空心砖"等类型的板。从 20 世纪后半叶开始，架空楼板就越来越广泛地使用成为房屋建造的楼板构造，特别是设在倾斜场地或者是跨越不良的地坪环境。要改善提高老旧楼板的质量较为困难，由于没有足够的缝隙可设置隔热层，这种状况的楼板几乎无法通风，而与木格栅楼板完全不同。

倘若能将楼板的底部开启，安装隔热层还是有可能改善问题，这样可减少干扰内部楼板的饰面，但重要的是所设置的隔热材应具有水蒸气渗透特性。否则，就需要在混凝土楼板上侧装设隔热材，通常的做法是在隔热材上侧覆盖层面板而成为浮式楼板。尽管这种做法对于内部会产生干扰，但铺设聚乙烯水蒸气抑制膜覆盖在隔热材上是重要的概念。若已经设置浮式地板，而结露问题依然

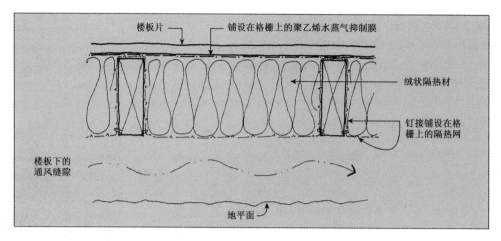

图 133　架空木楼板：可让隔热构造不产生结露

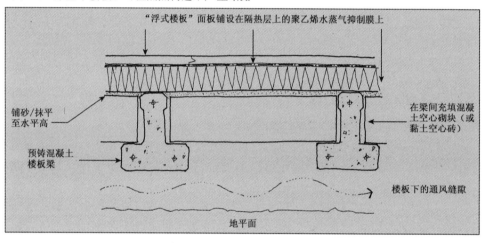

图 134　架空混凝土楼板：可让隔热构造不产生结露

存在，这就可能是因为忽略铺设重要的水蒸气抑制膜所导致的后果。

实体地坪楼板

　　尽管在面对结露问题上，实体楼板不像是架空楼板那样值得信赖，但这样的问题还是可能会发生的，特别是会发生在楼板的外边缘处，当室内楼板的地板面高于室外地面层时，就容易使得热量透过楼板与墙体直接传达到室外。

　　从 1990 年以来，在英国建筑规范中的 Part L1 部分就已经规定在地面层内部应装设隔热层。设置时应将隔热材料设在新设的混凝土楼板上，以及在抹灰或木质层板下，就如同浮式楼板般。

　　将隔热层装设在楼板上侧，对于屋主而言很少是有利的，因为这样做通常会付出昂贵的成本并产生不环保的效果。尽管有许多建筑工人喜欢在工程初期阶段铺设粗糙质地的楼板成为工作平台，但这样做不但不会降低成本，反而还会浪费更多的材料与劳力。我认为较佳的做法是直接铺设隔热层在防潮

图 135 位在低地坪面的楼板结露：易被混淆成吸附型或渗漏型潮湿

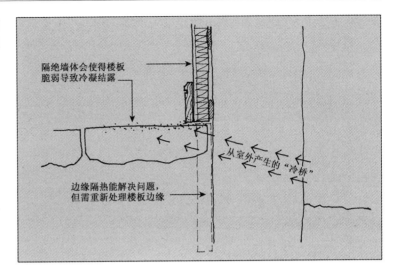

隔绝墙体会使得楼板脆弱导致冷凝结露

从室外产生的"冷桥"

边缘隔热能解决问题，但需重新处理楼板边缘

薄膜上，然后在聚乙烯水蒸气抑制膜上再铺设楼板，这样做就可以保持潮湿的混凝土隔绝在隔热板材料层外。为了利于混凝土铺设，水蒸气抑制膜应铺设厚度为 250 或 300 微米厚的聚乙烯膜，同样，125 微米厚的聚乙烯水蒸气抑制膜则用在创伤较少的顶棚层内。

假如楼板没有打算更换，则通过挖一条窄沟并垂直地插入密实的隔热板来隔绝楼板

周边也是可能的做法。这处理应与墙体隔热材连接在一起，如此就可防止冷凝结露。

烟道内的冷凝结露

这类结露为混合类型，会发生在烟道的内表面上。燃烧石化燃料的过程中会释放大量的水蒸气，燃料中每公斤的氢气会结合空气中的氧气而产生 9 公斤（9 升）的水蒸气。

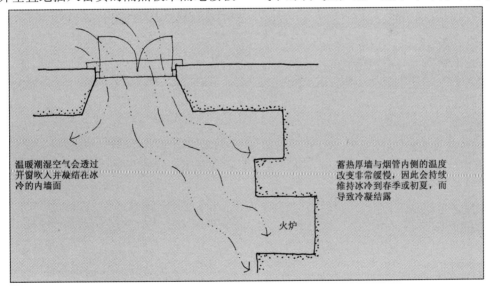

温暖潮湿空气会透过开窗吹入并凝结往冰冷的内墙面

蓄热厚墙与烟管内侧的温度改变非常缓慢，因此会持续维持冰冷到春季或初夏，而导致冷凝结露

火炉

图 136 室内的"夏季型冷凝结露"：通常会发生在传统的厚墙砌体建筑内

这些水蒸气会在烟道内冷凝形成直接的潮湿源，烟道内空气成分的二氧化碳与二氧化硫废烟汽，将会溶解在冷凝溶液中造成酸腐问题，酸溶液会将砌体烟道的砂浆侵蚀，甚至还会危害砖石材料。一般可采用凹凸榫接合的企口粘土砖或不锈钢板制作的烟道内衬垫以防范这类问题的产生，一旦酸腐问题严重，烟道就可能需要重建。

夏季型冷凝结露

最后，再谈论关于"夏季型冷凝结露"的这个概念。室内以及结构层间的结露会因为温暖的空气而产生"逆转"，且会产生模糊症状而导致常被误认为是其他类型的潮湿，它会单纯地因为气候变化在一年中固定的时间内产生。大部分显见的形式是室内结

图137　冷凝结露检测：不同于吸附型或渗透型潮湿

露，会发生在大体量的蓄热表面上，一般会发生在建筑的烟道内侧与厚重的墙面，这些构造表面通常都会维持低温直到夏季月份。在温暖潮湿的天气，室外空气中的水蒸气就会透过开敞的窗户引入，而冷凝凝结在寒冷的内墙表面。一般所出现的特征是"出汗"，会有细雾状的小水滴凝结在材料表面，这现象很容易被误认为是吸附型潮湿，这种结露少量会集中在较低侧面上，且擦去后在擦拭面下将会呈现出干燥的表面。假如还有疑虑则可做一个实验，这实验是擦拭掉墙面一测试块范围的水汽，并把一小块聚乙烯片或者铝箔紧贴在墙上测试块的位置。经过几小时后，假如这测试块的暴露面是干燥的，而粘贴材料内的墙面是潮湿的，那么就表示这湿气是来自于墙内。此外，倘若暴露的测试块表面是潮湿的，则这潮湿就是来自冷凝。当然也可能在这两个面上都是潮湿的，也就是两种潮湿类型均可能会同时地出现。

较不容易察觉的结露类型是夏季型构造层间结露，这是会发生在干砌体墙南侧的典型潮湿类型。墙体内的湿气会因为太阳辐射而增温，导致会向内部产生迁移，或者向墙外蒸发。在干衬壁面虽然铺有水蒸气抑制膜，但是湿气会因为接触到干衬壁的冷表面，而产生冷凝结露问题。干衬壁受潮后材料会变得软弱，所显现的症状是潮渍污斑，或是在墙基处出现潮湿与踢脚板腐朽，这问题容易与其他的潮湿源弄混，也常较难以诊断。假如外侧的砌体构造内含空腔层，严重的潮湿问题就可容易地由设在高与低处面的通风来改善，使得水蒸气在到达冰冷的室内表面前被排出。不幸的是，在冬季空腔内若以同样的通风方式将会造成热损失，同时也会因冷却内侧墙表面而增加冬季型冷凝结露。相较于干衬壁的内部冷凝结露，空腔本身

图138　发生在干衬壁后侧墙内的层间构造夏季型冷凝结露，短期内会被错认为是吸附型或渗透型潮湿

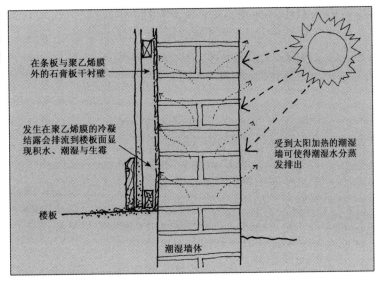

在条板与聚乙烯膜外的石膏板干衬壁

发生在聚乙烯膜的冷凝结露会排流到楼板面显现积水、潮湿与生霉

受到太阳加热的潮湿墙可使得潮湿水分蒸发排出

楼板

潮湿墙体

似乎并不会产生那么严重的结露问题。

治理措施总结

　　因此，再次地强调可用来治理以减少构造层间结露的措施为：

　　·采用避开或抽排风方法，减少湿源处的水蒸气。

　　·装设水蒸气抑制膜或在温暖的墙内表面涂布涂层，以减少水蒸气通过结构体。

　　·避免设置或移除在结构体外侧的不渗水材料，如此水蒸气就可有机会与外界产生气体交换，所产生的结露就有机会蒸发。

　　·透水材料不能使用在平屋面，如若使用，则应使得空气间层与边缘处在隔热层和屋顶层板间产生通风，或隔绝在屋顶层板上成为完全粘结的三明治构造（暖屋顶），或在隔膜上设置"倒置屋面"。

　　·对于实体地板，隔热层的冷表面侧无法设置通风，因此就必须设置水蒸气抑制膜，否则隔热层就可能会饱充水分而降低隔热效能，同时也会成为近似吸附型潮湿的潮湿源。

第 5 章

管道设备的漏泄

虽然管道设备的长期漏泄与其他潮湿类似，皆具有同等的破坏性，但是一旦问题被诊断得知，这些渗漏危害就能够直接进行治理。工业技术的进步会带给传统建筑些许问题，传统茅屋未设任何的"管道设备"，屋内没有给排水管，屋外也无檐沟或排水沟。

污水管与雨水管

由于排污水管与"雨水管"常设在檐沟等常见外露的建筑构造外，因此容易诊断出渗漏的问题。但也有无经验的建筑师或施工人员，鲁莽地将雨水管隐藏设在墙内，这种做法主要是为了避免设在外墙受到破坏。我曾进行过某教堂的维修，在那教堂的大型入口顶罩处，采用嵌入教堂前墙直径为 25 毫米（1 英寸）的雨水管排水。很显然，当那小口径管被堵塞后，屋顶雨水就漫溢流出而直接沿着屋顶边缘排流。要清理这根管径小且嵌入的排水管是件困难的工作，且这也只是一时的解决做法，因此每当下大雨而教堂会众要进入教堂时，他们均会很巧妙地躲开这个"雨帘幕"。

倘若所埋设的落水管两端都很畅通，且整段管均无出现接缝或锈蚀，理论上应当不会出现运作不良的状况，这状况在居住环境也较少发生。

诊断漏泄雨水管所见到的特征，为长期漏泄所遗留下的明显潮湿痕迹。所产生的典

图 139　嵌入墙体与管径不足的雨水管会造成永久堵塞

型症状是沿着雨水管周边的砌体墙面会被冲刷成垂直条痕，或在这位置旺盛地生长苔藓。第 121 页的两张照片是相同的一座教堂，冲刷状况均发生在南向墙面，过多的阳光照射对于苔藓生长会产生不利影响，然而位于背阴面的北向墙面，则有苔藓旺盛地生长。

檐沟会从接缝、裂缝或损坏的缺陷处产

图 140　雨水管周边的墙面会因长期堵塞而造成明显冲刷

图 141　出现在背阴侧墙面排水管周边的苔藓为管道堵塞的等效印痕

生漏泄，产生类似的局部潮湿印痕。排污水管则会因水流的快速排流而较少见到这种清晰的记号，因为漏泄往往是短暂且断续的。

现今有种趋势是更换有缺陷的雨水管而不进行维修，因为维修与重新涂装的劳动成本远远会超过更换的购置成本。在这种趋势下大量的铸铁雨水管就会被弃置，取而代之的是硬聚氯乙烯管。

铸铁材

尽管铸铁管仅需要少量的维护就能持续地使用超过 1 个世纪，而硬聚氯乙烯雨水管则使用 30 年就会开始产生老化问题，因而所产生的相悖经济平衡关系是理所当然的。然而，施工人员之所以会弃置这些铸铁管的主要理由之一，是在更新时要维护好管道的接缝是困难的课题。目前有种现场处理的密封

与修补檐沟的维修材料，这材料是一种复合弹性强化织网的液态塑料修补复合剂。这种修补若能谨慎地准备并良好地施工，就能够使所更换的硬聚氯乙烯管如同铸铁檐沟般具有同样的长寿。由于不用付出移除与更换的劳动力，因此相对可大量降低成本。

排水管，不论是雨水管还是污水管都不容易修理，因为管道的内部难以触及。铸铁管的外部在产生失效时通常会出现裂缝，特别是位于接缝周边。一旦裂缝出现，就会出现漏泄的污迹，即使涂刷涂料也无法获得维护改善。但进行临时的表面修补是可能的，在重新涂刷时应当打磨裂缝表面并灌注一种塑料的金属修补复合剂。然而，推荐更好的方法就是更换有裂缝的局部管道。一旦管道周边已经完全开裂，这时不移除管道是不可能的。此时，就需要拆卸局部的管道与管支

121

架，但这样做会伴随带来构造破损的风险。直到工程完工后，施工人员也都没法说得明白这项拆卸作业有多么困难，以及在这过程中还有多少局部的管道或管支架可能会被破坏。总之，在面对这样的维修时，施工人员很难提出明确的报价，因此这做法会较选择性移除、弃置管道与更换金属管成塑料管困难得多。这种维修方案被限用在历史建筑中，历史建筑仅能容许搭配利用部分管道更新的铸铁管，如此才可使得屋主有足够的能力与热情去从事维修与拆卸，或激发兴趣去雇用建筑钟点工来从事这项作业。

除了铸铁材外，还有其他材料可作为排水管材料，包括岩棉水泥、硬质聚氯乙烯、铝、钢，与少量使用的沥青纤维、锌、铜与铅材。

岩棉水泥材

在 20 世纪时，岩棉水泥材料已经非常广泛地使用在檐沟、雨水管与烟管。所有的岩棉产品均须严谨地处理，才能成为低危险性、普及的房屋建材。已涂刷表面涂料的雨水管，没有天然未加工处理材料的那种斑驳无光泽的灰色面，多数材料的厚度是 6 ~ 10 毫米（1/4 ~ 1/8 英寸），在接缝处可见。在大多数的情况下，管道与檐沟较少或不会具有被粘附阻塞的风险。但是，管道仍然需要进行疏通维护，以避免在干燥时异物粘附而造成危害。因此，清理檐沟中的树叶杂物就应当在潮湿的环境下进行，因为干燥处理会使得材料表面磨损、破裂，会让岩棉碎粒与纤维劣化释出。

当要更换岩棉水泥排水管时，拆卸移除作业就应当在潮湿的环境下进行，假如环境干燥就应当不断地洒水以维持潮湿状态。进行这项作业时，施工人员应当佩戴合适的防尘面罩，且拆卸下的废弃构件需要进行标识，在运送至丢弃的过程时，也应需要妥善地包装。

一般会在老旧锅炉附近的岩棉材料上发现很多的病害问题，这问题不是出现在烟道的接缝附近，就是会发生在管道隔热层或锅炉内。倘若出现了各种可能的情况时，在决定拆除任何材料前应当明智地听取专家的建议。具有权威性的地区环境健康专家会提供妥善的建议，假如材料无法继续使用而需更换时，则应当寻求合格的承包商来进行防护性的废弃物处理。

硬聚氯乙烯材

硬聚氯乙烯（uPVC）材料已经广泛地用在英国的排水设备市场，由于仅需简易装设且小量维护而被推广。硬聚氯乙烯管材可借由材料的柔韧性，与檐沟接头和接缝进行固定接合。接缝处可利用氯丁橡胶密封垫粘结或槽缝的"密接"来进行防水，通常均采用溶液接着剂将密封垫圈粘合。白色硬聚氯乙烯管的外观较佳，但对于抵抗紫外线的降解能力却是最差的。灰色、黑色与棕色或制造商所生产少有颜色的产品，虽然都具有较佳的紫外线抵御能力，但是终究还是会遭遇逐渐褪色的问题。这也会导致这些管材在 20 年后会形成色彩多样且不均匀的外观，特别是会发生在南向颜色较深的立面上。因此，塑料老化会造成材料的柔韧度降低，以及垫片材料的老化而造成接缝处的失效。

建筑物是由混合材料所组建，且在维修、整修或扩建时也都采用混合材料，因此不论在置换或翻新时，皆应妥善地抉择所用的材料。聚氯乙烯的生产与废弃处理均会造成严重的环境污染，而这些危害均会附加到因为反对使用替代方案而生成的环境成本上，比如：铸铁管材应可重复涂漆、铝制品应可重复使用而减少问题，每个环节均要在

图 142　相较拥有 30 年历史的黑色硬聚氯乙烯排水管与下侧亮黑色新管的褪色外观，旧管仍然是有效可用的

它的构成价值上进行研判。若材料无需使用而淘汰弃置时，都应当考虑可回收再利用。虽然塑料的回收处理较为困难，但可参考"再生循环"网站所提供的方法，或简单将一个标语"请你协助"贴在安全堆叠的废弃管材上，均可能会产生意想不到的成效。

铝材

可使用生铝或滚压成型铝材制作雨水管，对于在历史建筑中也可接受以无需维护的粉末喷膜处理铝材，来替代铸铁材料。它的外观可与环境协调，材料也非常结实，但是若要在历史建筑内使用，则是需要通过论证许可的。着色喷涂滚压成型的铝材，通常较生铝更薄、能拉伸成形，然而材料本身并

不结实、价格较便宜，因此产品常为简单的外型与较为坚硬的细部铸件。这类管材通常需要以垫圈连接拼缝，铸件应以胶粘方式与传统的铸铁材料进行密接。对于无覆膜处理的铝材，不论是"刨光面层"或电镀覆膜的，均可循环利用。假如管材表面无电镀覆膜，则材料将会逐渐老化，而成为无光泽泛白的灰色管材。

钢材

低碳钢的表面是镀锌的，因而能涂色处理。英国产品多由斯堪的那维亚半岛制造，虽然低碳钢不如硬聚氯乙烯材料使用得普遍，但这材料在价格、安装与寿命方面均有竞争力，也可达到较佳的环保效果。

不锈钢，一般均由至少是 70% 的回收材，

图 143　镀锌钢雨水管能以相近价格提供作为硬聚氯乙烯材料的环保替代品

料所制造因此耐用长寿，对于雨水管来说可能也是一种理想的金属材料，但是它的成本较高，使得较少普及用在居家环境。除非是用在难以处理且耐久性较成本为重要的环境，比如是用在屋面顶侧的老虎窗上。

沥青纤维材

沥青纤维是一种融合强化纤维的沥青材料，这种材料广泛地应用在廉价管道、檐沟与波纹屋面板。由于经历长期使用后材料会产生变形，因此沥青纤维材料无法长期作为地下管道使用。

对于使用在地下管道，沥青纤维材料容易使得管道产生严重的变形，而造成堵塞、塌陷。然而在地面使用时，同样特性也会导致檐沟弯垂，尤其是会发生在阳光容易照射，而使得沥青容易软化的南向立面处，但作为排水管使用时则不会受到这样的影响。

对于在地下已产生变形的沥青纤维管，通常可透过排水专家以摄像量测技术来侦测得知。当面临着无法更换的情况时，则应当针对环境特性与最大的承载强度来考量问题，而设置黏土管材在容易弯曲的接缝处进行加固。到目前为止，排水承包商已研发出可"改善"的做法，即采用树脂内衬重新塑型，以及填补管道，这过程无需开挖即可处理。

对于设在地面上的沥青纤维管道与檐沟，是不需要进行全盘更换的，倘若檐沟需要被更换，而排水管不需变时，则应当考虑材料间的相互搭接问题。

表面涂料

就理论而言，传统排水器具的表面涂装虽可直接涂装维护，但前期的作业准备与处理较为麻烦。粉末喷涂成膜的金属表面则不需要进行任何维护，一旦材料遭受破坏，即

可采用制造商所提供的兼容涂料来进行修补。倘若面对问题时不了解该如何处理，则应当接受粉末喷涂成膜专家的建议再来进行作业。在硬聚氯乙烯管上刷漆，虽可掩饰老化褪色的问题，但要能均匀涂布是件难事，此时应当考量塑料材料的表面平滑特性，以及维持所改善的外观涂料与原本涂料具有相同的寿命。

锌材

在英国相当少见以锌材作为管道用材，但是它却很普及用在欧洲大陆。虽然，现今使用在屋面与挡水板的锌材已被可抗腐蚀的合金材料所替代，典型材料为钛，但在英国的住房仍可见到使用少量的老旧锌材，这种材料容易受到腐蚀危害，特别是地处在酸空气污染的工业区内，因此所使用的锌材檐沟或管道均应全部更换。即使在无渗漏的环境，除非已经更换成可抗腐蚀的合金管，否则都应当提早考量替换管道的问题。

铜材

铜材在雨水管市场中也可见到销售，但这材料在建筑内的应用就如同不锈钢一般地稀少。虽然价格相近但寿命较短，它会被选用的原因是它的外观较受到大众的喜爱。

铅材

在老旧住房中常见到以铅作为管道材料，常用作洗涤槽、浴缸与洗脸盆的给水管与小径污水管，它目前较少作为建筑雨水管使用，但反而常在18世纪或更早期的历史建筑内出现。由于铅是一种稳定材料，尤其能承受温度的改变，因此它能长期地保持完好并正常地作业。

铅质管道设备最常面临的问题，为室外铅

制品容易遭受到由于人们疏忽或蓄意的机械性损坏、缺乏更换的铅作技术，铅管在硬水环境易生苔垢，在软水环境会产生铅污染等问题。

设在历史建筑外部的铅管设备，均应采取合理的施工技术来进行维护。虽然维护成本会较高，但材料的耐用性与服务建筑所获得的效益，将可补偿所付出的投资代价。铅板协会可提供详尽细致的正确施工建议，同时也可提供全国合格铅制作专家的列表名单。然而，对于历史建筑，仍应当针对现存的建筑状况进行谨慎与仔细的评价，并征求当地文物保护专家的建议后再进行处置。

设在构造内与地下的铅质管道，在构造变动与改善过程中应逐步更新。虽然铅制品很少会产生漏泄的潮湿问题，但它与其他材料的接合处常会出现令人不甚满意的细部接合，因此建议更换材料是较佳的选择。

内部屋顶檐沟

有种特殊的屋顶可阐述特例问题，为在斜屋面凹处有内檐沟排水的"M 型屋顶"。这种屋顶常出现在规模较大的乔治摄政时期连栋建筑内，建筑的屋顶构成两个屋脊相互平行的小斜顶，在两屋脊间的凹处为"内屋谷"。由于雨水管沿正立面垂直设置会影响

美观较难以接受，因此常见在正立面的屋顶处设置女儿墙，这说明在前侧女儿墙的檐沟与中央屋谷处需设内排水沟，将雨水排流到后侧屋面。设置铅制槽形檐沟以非常和缓的落差排水，可使得雨排水流到后侧的檐沟或排水管。这种开敞的铅制檐沟通常由长铅板简单折叠成槽制成，在檐沟底侧与周边均以木夹板进行支撑加固。

除非女儿墙与屋谷檐沟经常妥善地受到维护，不然废物残渣就会在平缓的檐沟内形成淤积，造成雨水积满溢出。在过去曾多次发生严重的水浸事件后，有许多的维修做法为采用塑料排水管来"改善"替换开敞的檐沟。但这却是进行所谓良好维护的错误做法，因为发生在檐沟的清洁失效问题将会再度上演，导致积累废物残渣至新设的管道内形成新的阻塞，而使得女儿墙或屋谷檐沟内的积水溢出至天花板。因为所更换的管道是"封闭的"不易进行检查，而导致管道维护较为困难。

日用管道与采暖设备的漏泄
储水箱

储水箱常设在屋顶空间内，过去的做法为采用木料在现场制作，以铅板做内衬垫。

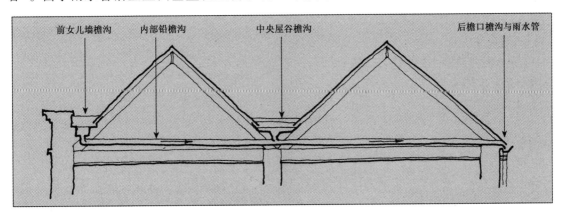

图 144　内阁楼檐沟：设置开放渠道以便维护

后来的做法则是采用铁板或镀锌铁板以螺栓或铆接制作预制水箱，并在现场组装，这两种做法的材料最终均会腐蚀。当这种水箱在被其他金属、黑色聚乙烯或强化玻璃纤维（GRP）材料的水箱取代后，它们就会长期被遗弃在阁楼内，日后就会造成闲置不用的困扰。聚乙烯与强化玻璃纤维应安设在黑暗的楼阁空间内，如此可不受紫外线危害并且耐久使用。当阁楼内需要新增设聚乙烯水箱时，为了能让水箱穿过开口较小的天窗，而应将水箱挤压扭曲后才能挤入。扭曲后的材料柔韧弹性会随着材料老化而日渐减少，因此水箱在阁楼内储水久而久之就会带来潜藏的箱体开裂的风险危机。此外，由于给水管无法承受外载，而需要远离水箱设置，假使这些管道被不经意地扭曲或"承受外载"，则常会造成管道周边产生开裂。聚乙烯管的裂缝虽然可用粘着剂进行修补，但是更换管材会更为可靠。强化玻璃纤维水箱则因材料较硬、弹性较弱，而使得修补不易，这也会导致修补成本提高。

水管生垢与腐蚀

矿物质在给水管内会内逐渐累积成"垢"，出现在长期使用的各种铅、铸铁或镀锌铁管道内。虽然矿物质会沉积在冷水管道，但最严重的水垢还是会积累在热水管道与设备内。最明显的现象就是发生在日用茶壶内的结垢，钙盐会像石灰水碱般沉淀，然而会造成严重问题的还是发生在管道与热水储槽内。有些电、磁与化学除垢法可适用在主供水管来避免结垢，这类处理做法仅能暂缓水垢的粘结，处理水中的悬浮物而非粘附积累在管道面与其他表面的水垢。软水剂可改变水中的化学成分，但需由树脂过滤器来过滤处理后水中的钙与镁化合物，过滤器用

后则应用盐溶液冲洗以便未来再使用。

一旦管道结垢严重，不论原因如何均建议更换管道。水箱与热交换器是可除垢的，但除垢过程会耗时耗力，且会带来器具被毁损的风险。因此对于家用系统的处理，更换可能较为经济。在主供水管的流入侧安装除垢装置，就可减缓问题的发生。

在管道内会产生与结垢迥异的问题是腐蚀，这问题常发生在软水环境，供水中的酸性物质会逐渐地腐蚀管道材料，会在铁管、镀锌铁管与铜管内作用。在软水环境中，铜热水桶内会生成"麻点状"与"花纹状"的腐蚀，这些腐蚀均可能会积累并在10年内引发漏泄问题。虽然其他材料的储桶可延长2倍的时间，但在硬水环境的储桶也可能会由于水垢的积累而终究报废。有家专业制造商曾宣称铜制储桶的一般平均寿命，约为15年。陶瓷内衬的不锈钢储桶已经普及使用在主要的热水供给设备，它拥有较长的寿命。

铸铁、镀锌铁与铜管会因生垢或腐蚀而需要更换。目前常见最实用且可防止水垢与腐蚀的材料是不锈钢，不锈钢可与细铜管和塑料管进行密接。也有些像是聚丁烯与交联聚乙烯材料的塑料产品，目前也已经提供作为冷、热水与集中供暖系统中的使用。在集中供暖系统使用的塑料管，建议采用结合抗氧化剂的管材，如此则可将空气的渗透降至最低，以避免产生材料质变。柔软弹性的塑料管能利于叠合接管的伸缩搭接，如此也可降低可能产生的渗漏问题。

散热器与地板采暖

大多数的集中供暖系统是钢板片散热器，过去案例所存在的诸多腐蚀问题，皆出现在板片接缝处。最近上市的产品则在系统循环水中添加化学添加剂，这种添加剂可有

效地抑制腐蚀问题。当钢板片散热器产生漏泄，而无合适的替代物可更换时，也可使用专业添加剂添加到系统管道内，以暂时密合漏缝并处理临时突发的状况。

铸铁排式散热器腐蚀问题较不易让人发现，因为产生腐蚀的部位常会因重复利用而被覆盖，问题往往会在涂料剥落、清除与重刷涂料时才被发现，接缝处常会产生漏泄。风扇式对流器与踢脚板散热器均结合设置鱼鳍式铜管道，因此也可能会在同样的环境条件下遭遇到腐蚀漏泄的问题。

由于 20 世纪 50 与 60 年代初在安装金属管道时，常会遭遇失败的问题，因此也造就地板采暖系统存在着"漏泄的美名"。在很多案例中就可见到因为腐蚀或位移而引发漏泄的问题，使得那些管道必须及时地更换。目前的新式地板采暖系统采用无缝回路的弹性塑料管，对于漏泄防止具有较佳的效果。当面对任何系统时，总是需要面对一些可能会产生的意外风险，然而对于受到抹灰保护的地板采暖系统，则较无须担忧因为漫不经心地安装系钉或螺栓而产生的问题。

施工技术与"管压"

有些较腐蚀更为常见的系统漏泄问题，为处理接缝时的不良施工技术。令人惊讶的是有许多的管道接缝从开始设置或早期使用时就已经失效，只是因为被所设置的环境隐藏而一直未被注意，这问题所带来的潮湿就难以诊断。供水或供暖系统的管道接缝面对突发的压力时，可借由重力供水转换到主压力系统。重力供水系统的管道接缝受到主压力作用，就可能会产生爆裂漏泄。这问题说明着倘若所有的系统管道必须进行更新时，从重力供水转换到主压力系统的成本与破坏会较原本的状况更为糟糕。

地下漏泄
排水管

地下排水管的漏泄是常见的潮湿来源，由于这些漏泄发生在无法看见之处，因此往往无法目视察觉。即使利用影像检测可能都难以检测的管道漏泄，除非呈现出明显的征兆，例如发现破裂的管道渗漏水等。

排水管测试

假如产生潮湿的其他因素已经排除，而且潮湿问题发生在排水管的周边，则排水管可利用膨胀橡胶塞塞住管道末端来进行问题测试，这种胶塞可在租借工具的商店借到。通常应在已经塞妥的胶塞检修孔槽上置放砖块，以防止水压"突然冲爆"胶塞。此时应在管道末端检修孔处设置水软管，倘若管内的水平面能稳定维持 10 分钟，则表示管道内没有泄漏。假使水平面下降，则可等到水平面稳定后再定位水平高度与漏泄位置。倘若水面低至管道一半以上的高度，且在检修孔中已不见水面，那么可在管道内放入一根软管，并吹入空气至管中，若能听到水泡声，就表示达到水面，此时可利用伸入的软管长度来度量漏泄点的位置。

但不幸的是，排水管压力检测所呈现出的失败结果并不能证明在正常使用时管道会产生漏泄，因为排水管仅需要总排水量的少量排水即能"工作"，这说明着管道的上半部裂缝或部分接缝的失效，仅会在测试时产生，但在正常使用时可能并不会造成问题。无论如何，在产生渗漏状况时，维修管道、设置内衬或更换管材才是根本恰当的做法。

古代的排水管、暗渠与维多利亚时期实例的改善

治理渗漏的排水管道是"现代"较时尚的课题。过去的排水系统是由自然水流、明沟与暗渠所构成，过去这些构造常由粗糙的石头叠砌建成，而没有使用砂浆胶结。构造复杂的暗渠常采用平滑石板作为底板来改善水流，且以粗糙的石板盖在沟顶。接缝处的砂浆，使用石灰砂浆而使得整个排水系统具有多孔透水特性。暗渠所存在的缺陷是排水问题，可利用渠断面的尺寸调整来进行弥补，因此或许也可能在暗渠内设置现代排水管，而留设暗渠作为地面排水。即使它们看起来可能像是废弃的设施，但是将暗渠堵塞是具有风险的，暗渠可局部作为地面排水来使用。

在巴比伦时期的遗存已经发现使用黏土排水管与沥青内衬的砖排水管，时间可回溯至公元前4000年，且较复杂的排水系统也曾出现在米诺斯、伊特鲁利亚和罗马时期。较成熟的新式排水系统直到19世纪才再度开始普遍地使用，像是在1843年在汉堡建设的污水下水道系统，紧接着伦敦的下水道系统也在1852年建成。

从古典时期开始，直筒黏土管就已采取对缝对接，但从19世纪才开始大量生产套管与套接的盐釉陶制排水管，直到20世纪60年代时才获得优势应用。在美国的某些案例已成功地使用空心木管超过130年，但在此时沥青纤维管也在同步发展，木管的使用直到聚氯乙烯与聚乙烯管材出现后才停止。套接陶管过去均采用柏油麻绳缠绕与砂浆粘合接缝，即使作业的质量令人满意，但在发生移位时仍会造成砂浆开裂，导致接缝处渗漏。这些渗漏会带来危害，会使得渗漏问题日渐恶化，甚至

128

还可能会因外物渗入而堵塞水管。

现代的排水管

赫普沃斯（Hepworth）在1956年首先采用具有柔软弹性接缝的黏土管，因此从60年代开始，黏土排水管的材料就变得轻量，也使得铺设的长度得以增长，通常会在1.6米（5英尺4英寸）的位置处设置弹性接缝，材料为夹有聚氯丁烯垫片的塑料套环。这些排水管可采用塑料管件进行简易的更换，来维修改善强度与外观。部分管材能利用链式切管机切开，将弹性接缝设置到所需部位。对于小规模作业的新设与维修更换，多数建筑工人喜欢使用塑料排水管，常用聚氯乙烯管材。这种材料虽然质轻，但相较黏土管使用起来并不便捷，因为处理时需要填塞更多的垫层与充填材料。

设在地下较深处或建筑物底部的老旧损坏管道与暗渠，只能利用设在管道内的内衬来改善而无法更换管道。目前在市面上可见到适用在现场管道内衬检测的专利检测系统，这系统是以基于影像检测作为基础的。虽然排水管的影像检测会受到截流与掉落检修孔物体的阻碍，但它可提供廉价与全面理解排水状况的信息，对于漏泄与损坏的评估极具有价值。

混凝土管在建筑内很少使用，因为它的管径较大，一般仅紧邻建筑物作为暴雨或排污的排水管。尺径较大当直径超过300毫米（1英寸）以上者，就应当标记在水公司或地区权威的排水系统地图上。倘若须进行任何维修作业时，就应当由相关的排水系统部门负责协调安排作业的进行。

化粪池、污水池与储水槽

这是其他潜藏的潮湿来源。化粪池与污

水池通常需远离建筑一定距离设置，15 米（大约为 50 英尺）是通常的设置距离，且应当设在场地低洼处。槽池所产生的漏泄，多会发生在旧式砌体与砖砌水槽的部位。发生在紧邻水槽或设在建筑物高处渗水井的漏泄，会导致建筑物低处饱受潮湿的威胁。

储水槽常设在紧邻建筑，或建筑物的底侧的位置，它的功能为储存可再利用的水。不同于水井，水井多设在低水位处，而储水槽由于需要收集接近地表的雨水，因此应将设置的位置提高到地表面。

我有一幢 19 世纪时作为染房或洗衣房的房屋，在这幢建筑物的庭院下方有座小型石拱顶储水槽，水源由地下泉眼所供给。它之所以会被发现是由于它直接坐落在新建筑物的基础部位。这座储水槽拥有非常旺盛的"水活力"，因此面对它的最佳态度就是不去干扰它、并远离隔离它，处理方式为在储水槽两边挖开地基，并在梁上架设新墙。从这处案例所获得的启示，就是最好的处理方式为不干扰水源，以及在必要时提供大尺径的替代排水管来协助排水，这样就不至于因为形成水流的阻塞，而引发潮湿甚至水灾。

漏泄水的测试方法

当难于诊断看似渗水而非潮湿的案例时，就需要借助于示踪染料来追踪潜藏的水源以分析水路。找寻漏泄问题可对当地的水公司带来利益，可提供他们重要的诊断协助。"防漏专家"能借由"监听棒"或"漏泄噪声检波器"等监听设备来定位管道漏泄问题，这些电子设备可连接至管道疑似漏泄的任何部位，监测显示漏泄的位置。气体检测试验方法也常应用，这方法就是将管道内抽排空并充灌注氢气，再用"嗅探检漏器"检测氢气的漏泄状况来判断问题。

漏泄渗水可能也会转变成地下水而形成游移，像是建筑物 A 的地下室漏泄可能就会影响半英里外的建筑物 B。这状况就会导致检测作业带来难度，如此也会使得水公司的侦测任务艰巨。

简易做法

当面对给排水设备的失效问题时，简易做法所带来的优势是应当值得重视的。系统越复杂，系统所产生的失效可能性就会越大，能简易地诊断与治疗系统失效的可能性就会越小。因此，倘若有机会整修漏泄，并需要改善建筑物缺陷问题时，就应当考量设置简易合理的系统，如此便可让建筑物屋主与维修管工清晰理解系统所产生的问题。事实上并没有任何系统是完美的，设置这些设备时均应留意未来维护或更换的可能，因此最好要保存原始照片、笔记或管道等重要阀门与控制开关位置的示意图。当维修或更新作业完工后，在阀门贴上标签与标记管道运行方向是简易且有效的做法。因为过了 10 年后，要记住哪根管道具有什么作用就不是件容易的事了。

第 6 章

治理潮湿的效果

前文已经从微观视角针对建筑各部位的潮湿问题进行详述分析，本章的内容主要是从宏观层面论述建筑的潮湿问题。但无论潮湿源为何，均需要采取类似的干燥处理才是重要的做法。本章的 4 个主要论题视角是：所需时间、处理过程、产生的副作用与表面涂层处理。

所需时间

遭受到潮湿影响作用的老旧建筑会较新建筑更为潮湿，因为传统建筑材料的孔隙密度较现代建筑材料更大。在新砌筑的构造材料内，均含有构筑混凝土或砌体墙、胶泥或涂饰作业所囤积的 8 吨水，这些水会在建筑物完工后逐渐地蒸发。

老旧建筑的全面翻新与新建筑有异曲同工之妙，但作业进度可能较慢。一般传统的砌体墙厚度是 450 ~ 600 毫米（18 ~ 24 英寸），较现代空腔墙 100 毫米（4 英寸）厚的单侧墙，会多产生 4 ~ 6 倍的潮湿量需要进行干燥，相对地所需的时间就会更长。建筑若由实体砖砌，墙体厚度就是 225 毫米（9 英寸）。在巴斯地区的乔治亚时期建筑，所使用的石灰岩墙厚度为 100 或 150 毫米（4 或 6 英寸），因此不同厚度的墙所需要的干燥时间也就不同。

针对问题的治理，不论是吸附型或渗漏型潮湿，均应当切断潮湿源。但当潮湿源被切断后，就应当面对所遗留下的潮湿材料处理问题。

干燥率

当面对着 18 英寸厚双侧均需干燥的墙，且认识到应当遵从"砌体或混凝土材料每个月仅能干燥 1 英寸（25 毫米）"的事实时，就可推算得知这是个非常漫长的过程，这看来似乎极端但令人畏惧。因此，在墙外侧建议不可覆盖非透气的水泥抹灰层，或在墙内侧裱贴乙烯基墙纸，因墙内潮湿仍会从不同方向渗透，而逐渐蒸发。

楼板的干燥较墙壁更为缓慢，是一寸寸地逐渐干燥。由于现今的楼板下侧均设防潮薄膜，阻止向下扩渗的潮气移动，因此潮气仅能从上板面蒸发。一块新砌 100 毫米（4 英寸）厚的混凝土楼板需要 4 个月时间来干燥，倘若上板面覆盖 50 毫米（2 英寸）厚的砂浆抹平层，那就可能需要 6 个月。此外，对于已饱和的传统砌体墙若插入设置防潮层来"阻断"潮湿源，则这墙可能就需要 1 年时间才能干燥，对于这事实不要感到惊讶！

关于室内重新装修前的防潮治理，屋主不可能平白无故为了干燥而等待 1 年，因此防潮治理就应当与干燥作业并行。这项作业能否成功进行应当结合施工人员与屋主的理解与共识，如全面干燥的过程需要消耗多久时间？如何处理表面装修？以及居住在这建筑物中要如何才能避免不适应？等等，这些问题都非常的重要！

处理过程

洪泛水浸

在这里简单地说明关于所面对的"外袭潮湿"或水灾问题，论述范围可从当地河川的洪泛到爆裂水槽或满溢浴盆所产生的浸湿。有两个重要因素会影响着构造的干燥结果：洪水会持续浸泡多久？且浸泡时会带来何种污物？

一般家用设备的"洪泛"来自于洗衣机或满溢的浴缸，这种浸泡时间较短且容易清理。木料无法接受长期浸泡，浸泡容易使得材料潮湿饱和甚至腐朽。石膏类材料具有良好的吸湿特性，但潮湿的石膏会对旁侧的材料产生延时的潮湿影响。减少不良材料的概念就是移除遭受饱和浸透的材料，比如地毯就建议要尽早拆除。假如材料仅遭受到简单的浸湿，而其他方面未受到损坏，则可将它取出并置放在空气中风干。建筑物的各部位构造处理原则，皆是相同的。

水灾常会带来很多的污物与烂泥，使得治理作业不仅需要干燥也需要除污，过程中会使用甚多的水。尤其是在那些洪水已经持续一段时间的环境，现场会严重囤积淤泥污物，这些沉积圬物可能会来自楼板、管道、楼梯与墙壁的部分残件。倘若环境的气味可容忍，这沉积物可就地进行干燥，但需留意沉积物可能会带来腐朽并构成持续潮湿。一旦水灾所产生的损坏与残骸已完全清除，那么处理留存的潮湿问题就可像面对一般问题那样对待。

遭遇短暂水浸的砌体墙会在墙表两面产生潮湿饱和，但在墙体的内部仍是干燥的。在这种状况下，墙体干燥就会较遭受吸附型或长期渗漏型的潮湿墙来得快些。

切断湿源

当面对潮湿时，首先要考量的问题是切断正在侵入的潮湿来源。虽然在主要的作业中承包商契约的有效性或允诺可能会延期，但无论如何及时进行短期维修是重要的，比如屋顶铺面或雨水管等应趁早维修，才能使得环境维持干燥。其后就是要拆卸已经囤积潮湿且会阻隔蒸发的无用材料，像是瓷砖与乙烯基塑料铺面或墙面饰材。同样地，墙覆面、窗帘盒、踢脚板与固定家具当面临拆除之时，就应当尽可能早拆除，而非将这些问题留到未来。

干燥的条件

建筑构造材料内部的干燥，会较表面显现的潮湿特征缓慢得多。材料的蒸发速率会受到材料孔隙大小、气温与气流的影响，因此材料表面的潮湿会较内部干燥得更快。此外，细孔隙材料的干燥速率较为缓慢，当气温下降、气流减少时均会影响水分蒸发，进而影响材料表面的蒸发速率。

理想的干燥条件是高温和快速通风，这取决于强烈的阳光与强风。或许就像是在富埃特文图拉岛上的气候般，但这种气候在英国少有。由于秋季前的时间是建造作业最佳时机，因此工程往往会在初冬时竣工。然而，需要让材料产生快速干燥的重要时间往往会较竣工时间为早，因此不论是新建或翻修的建筑，当屋顶开始进行防水处理后，即应当让建筑开始干燥。千万别感到惊讶，在过去被称为所谓的"上梁仪式"就是维护屋内干燥的起点，从那时候开始建筑室内就应当渐入干燥而非潮湿。

烟道与烟囱

假使有即将废弃的烟囱，也应当尽可能

131

早地将可通风的防雨帽（详见图67）固定到烟囱顶管上，如此烟道与烟囱等砌体构造就能维持干燥。同样的道理，对于现存的壁炉与烟囱侧腰，无论它们是否需要保留均应开启，如此就可促进自然通风的效果，并协助屋内空气流动并加速烟道干燥。

门与窗

理想的做法是在门窗关闭前，利用短暂时间让屋内获取最大量的通风。倘若翻修时保留窗户，窗户就应当尽量地开启。窗户或玻璃被更换后，就应当长时间开窗让空气流动。因为，尽量长时间地维持这种高度的通风状态是重要的。这样处理不仅可干燥残留在楼板与墙体构造内的潮气，也可干燥在涂饰过程中胶泥与涂料本身所带来的水分。

风扇与暖气片

多数建筑构造可借由开启的门、窗与通风道获得充沛的自然通风来进行干燥，然而在橱柜、墙壁内凹处与楼梯底侧不通风的环境，仍需设风扇等设备协助通风。使用时应将所有的小型风扇设定成可确保空气匀速流动的低速状态，风扇式采暖器应谨慎使用，过度过快的干燥会构成危险，尤其是对于生石膏或未干透的细木工，容易造成收缩开裂。因此，若要使用这类设备，应当设定档次控制为"温暖档"而非"炎热挡"。

倘若处在低温或经常降雨、起雾的恶劣天气，室内环境就应当进行人工加热，且应在能够维持良好通风状况下使用集中供暖系统。当现场有新胶泥与木料，或非常潮湿的材料时，就应当控制供暖系统并确保室内温差不会升降过快。环境所需要的是能够促进潮湿表面蒸发的足够热量，而非造成胶泥与木料收缩和开裂的过多热量。

开启部分窗户利用微量通风，可有效地将增温空气在室内扩散，而非将热量吹出屋外。由于加热会导致热湿空气飘升拔高至天花板面，因此在室内高处应设高窗且开启以维持有效的通风。

在非暖房环境使用任何临时加热器具时，应注意不要因而导引水蒸气，比如无烟丙烷加热器与煤油加热器等。在多数环境中，潮湿问题的简易处理方法是使用设定成低热档的电加热设备与风扇加热器，这类设

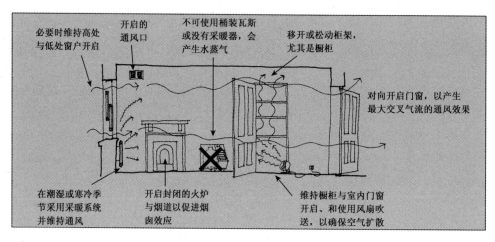

图145　干燥方式：应当导入最大可均散的气流量，并提高室内温度

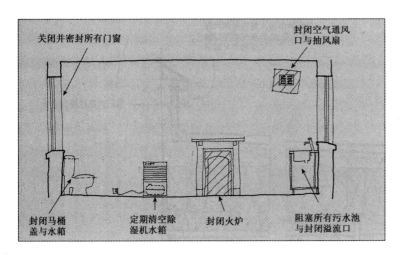

关闭并密封所有门窗

封闭空气通风口与抽风扇

封闭马桶盖与水箱

定期清空除湿机水箱

封闭火炉

阻塞所有污水池与封闭溢流口

图 146　除湿方式：气密房间可防止室外空气侵入，并阻隔所有的潮湿源

备可协助室内热空气均散并促进环境干燥。

除湿机

　　使用除湿机如同使用风扇加热器般，具有同样的注意事项：均应适度地使用，使用前的准备作业需全盘考量。在接触面对室外空气以及任何像是盥洗室、水房等的潮湿空间时，门窗、通风口与壁炉均应密封，应当以栓塞与粘贴防溢流胶带密封所有的水槽、浴缸与脸盆，否则室内除湿机就会不断地运转以吸收水分，这些水分会来自于室外或给水设备，而非来自建筑内部的潮湿织物。内含储水容器的除湿机需要定期检查与清理，面对任何的敏感材料如木料或老旧石膏，均应定期检查材料的收缩问题。此外，在建造或翻修时为了干燥会引入最大量通风，良好的通风需求是为了健康与安全，但除湿时未必需要。在进行除湿作业时，建筑外围护结构应当维持有效的气密。

潮湿受损的材料

　　当面对潮湿损坏的材料时，有如下的做法：
　　潮湿墙面的胶泥，在潮气蒸发时会聚积盐分。当墙内的潮湿源被阻断或减弱，像在

墙内插入防潮层阻隔或设置屋外排水后，墙内仍然还是会呈现潮湿的状态，潮气仍会持续向砌体外渗透迁移，并在墙面形成蒸发，这状态会经历数月或更久。若饱充盐分的胶泥被移除，则残留的潮湿与盐分就会大量移除，如此迁移到新胶泥的潮湿水分就可能会减少。为了使这个过程有效，应当采用蒸发的方式，因此任何不具渗透性的饰面，像是乙烯基面的壁纸、瓷砖、油漆涂膜与坚硬的混凝土抹灰，就应当在开始治理时移除，但往往胶泥可能仍会留在原处。由于承包商均期望在短时间内完工，因此倘若治理作业由防潮专家慢工施作，这作业似乎就不容易被实施。在第 2 章时曾提过，移除历史建筑的胶泥会产生危及壁画的风险，这做法是无法被接受的。倘若新防潮层仍可使用，则遭受潮湿危害的胶泥仅需要部分更新。

　　与胶泥的状况相反，腐朽木料就应当尽早地更换移除，因为它会阻止砌体干燥，且会成为潮湿源而协助真菌侵害。此外，在历史建筑内的木料衬垫对于构造的维护具有重要作用，倘若未进行合理保护，或许就应当考量这些朽木衬垫是否应当值得投入更多的额外成本拆卸维修，而非简易地移除弃置。

拆卸为了维修

有少数的施工人员支持将老旧木料"谨慎地拆卸与维修"，他们常主张因为腐朽的材料非常难以拆卸，意思是抛弃旧有的构件与装设新材料将会是件麻烦的事，但这种状况往往是讽刺的，因为维修还可能会额外地增加成本。然而这对于细心和喜欢自己动手的业余维修者，或许是件合适的工作，可让他们消磨时间维护，并获得良好的成效。

产生的副作用

收缩

柔软的建筑材料，像胶泥与木料，会在干燥时产生收缩。然而，砖石与混凝土就不会如此明显，而钢铁与玻璃根本就不会产生收缩。新建的建筑会较维修翻新的潮湿建筑所产生的收缩来得明显，倘若新表面的饰面装修完工得太快，则将会付出在"完工"后耗费6个月或1年的时间来调整收缩裂缝的沉重代价。因此对于新建工程，材料会因为环境的干燥而产生严重收缩，相反，已经风干的木料在潮湿的环境中也会因吸湿而产生严重膨胀。

干腐

应当留意的是"干腐"问题，干腐菌在一些微潮湿的环境中会特别旺盛地生长，而非处在饱和潮湿的环境。因此，当建筑物从严重的潮湿环境开始干燥而转入低潮湿状态时，建筑材料就会遭受干腐菌的侵害。在需要进行潮湿控制与新设加热装置的建筑物改造工程中，提高温度与减少潮湿量的综合性做法，对于处理干腐危害的问题是有效的。

木料遭受真菌危害的潮湿条件是明确的，为含水率超过21%以上的环境。通常含水率较高而接近30%时，就需要防范干腐菌

所产生的危害，当超过30%时就易产生湿腐。一般而言，新烘干细木作的正常含水率约为12%左右，且多数屋顶结构的木料均维持着15%左右的含水率，这数值还会随着季节变化而略微改变。

真菌孢子在我们生存的环境无处不在，会因环境潮湿而导致带来腐朽的危机。然而只要能满足居住标准，特别是加热与通风的规定，就可防止干腐的问题。湿腐问题也是同样，只要将建筑经历翻修或防潮处理就可干燥环境，可轻易地度过风险并不遭受危害。

发生部位

因干燥过程而易导致腐朽菌着生、成长的潮湿风险区域，如位于管槽、浴缸面板、踢脚板与镶嵌板背侧隐藏的空间，与紧邻潮湿砌体构造的楼板或屋顶缝隙处，这些部位均会构成提供真菌所需的潮湿处所。干燥会造成缝隙的隐藏，像遭受渗漏型潮湿与受到屋顶天沟裂缝渗漏影响的裸露砌体墙，能通过重新涂抹石灰浆抹灰与更换新的雨水管，以及室内重新粉刷石灰胶泥，来解决所面对的初始潮湿问题。然而，位于窗帘盒与墙脚踢脚板则较易聚积残存潮气，因此需要定期揭开检查。最好能在打开维持一段时间后再将其装回，以促进新铺设石灰胶泥内的潮气蒸发。

产生症状

早期的干腐症状为着生白色菌丝，这类症状在初始时较难察觉。一旦木料显现出收缩与开裂的符号时，腐朽的发生就已经相当地严重，况且倘若发现孢子的红色粉末，子实体就将会涌现。材料在干燥过程中未必会有足够的时间让真菌发展成引人注目的子实体，除非干腐环境早已形成。

虽然干腐症状或许仅为短暂的存在，但一

图 147　干腐菌会着生引人注目的子实体（Per-ter·Cox）

旦建筑物开始干燥后真菌将会面临着顶梢枯死的特性，就在此时调查构造材料的状况是明智的选择，因为此时的材料会显露出无隐藏的糟糕症状与可疑的区域，可利用该状态特征来研判所需要采取的有效干燥处理方法。同样，湿腐菌在存活时会让木料白化并降解纤维质，但在建筑物干燥时就无法留下存活。

倘若有任何疑问，应当寻求专业人员或承包商的建议。面对腐朽所采取的保守的化学处理方法并非是唯一的途径，赫顿（Hutton）与罗斯顿（Rostron）［www.handr.co.uk］是最著名的"环境学院派"治理专家，当他们在面对灾难性腐朽建筑时，均会使用无化学副作用的处理方法。谨慎与细致的干燥和监测或许会较传统的方法费时，但均能减少构造材料的破坏并节约成本。*处理做法*

在重新装修需立即使用的建筑时，或许应当考虑使用毒性较低的处理做法，像是以水基硼溶液来预防真菌腐朽。需处理的木料应在它"吸收"溶液前先干燥，当材料吸收溶液后就即刻会吸收潮湿，因而在木料"紧贴"潮湿砌体前，就应当留有足够的时间将已处理的木料进行干燥。砌体本身也要确保进行抗菌处理，因为干腐菌具有很强

图 148　成熟干腐菌的白色菌丝（左侧）与子实体（右侧）（Perter·Cox）

的扩散能力，能够借助它的真菌菌丝穿过 2 米厚的砌体结构，找寻更多的木料。

表面涂层处理

认识缓慢的干燥过程，可作为选择新设置与更换表面涂层的基础。

潮湿的容受力与渗透特性

当构造材料的干燥历程要超过 1 年时，除非在涂布新表面涂层前能完成干燥，要不然新涂布的表面涂层就应当选择具有水蒸气渗透特性与潮湿容受力的涂料。举例来说，水泥、石灰抹灰材料既有渗透特性也有潮湿容受力，但是石膏胶泥仅有渗透特性，潮湿容受力就差很多。倘若采用油基或聚乙烯基的装饰涂料作为涂层，则涂层就不具有渗透特性也不具有潮湿容受力，施工后就容易出现问题。残留在墙内的潮气，就会被在石膏胶泥面上的涂料所阻挡，而非自由地蒸发。此时易导致材料孔隙膨胀，而造成涂料层空鼓起泡。倘若外墙表面能形成良好的蒸发，让残留的潮气能够顺畅泄漏，则就不会产生不良的症状。

设置防潮层后的抹灰

专业承包商在现有的墙内装设防潮层时，需要更换底层胶泥，并在抹灰胶泥内拌合添加盐分抑制剂。抹灰材料具有可渗透特性是重要的观念，因而常需选择较弱的拌合配比，为 1 份水泥拌合 5~6 份的沙。这配比较底层的砂浆为弱，倘若基底构材为软砖或夯土泥砖，则拌合配比应当低至 1:8 或 1:9。

虽然坚硬的水泥抹灰胶泥或许能防水，可掩盖新防潮层的缺陷，但也会产生更多收缩与无法接受的位移。因此，就可能常会产生裂缝，裂缝会导致残留的潮气透过缝隙形成"泄漏"，而引发局部的空鼓病害。

具渗透特性的涂料

滞留在原本涂层面背侧的残留潮气，通常均能利用所涂抹的水基性与无乙烯基涂料来排除——目前部分的"商用乳胶漆"与所有的"环保涂料"皆无乙烯基材质，也可采用石灰或水泥的"更新胶泥"来取代石膏胶泥。

不可避免的非渗透特性

在有些应设非渗透特性材料的饰面环境，比如：铺设瓷砖的厨房或浴室，所铺设的瓷砖是非常能容受潮湿的材料，因涂抹在背侧面的胶粘剂与填缝水泥浆皆具有抗潮特性。但在某些案例中可见，铺贴瓷砖后的潮气反而会越过非渗透性区域产生转移，并使得其他相邻部位的潮湿症状加剧。

木料镶嵌板

对于木料镶嵌板或木骨框架上的覆面，在面对紧贴所新设或以硼防腐剂处理的镶嵌板的背侧潮湿墙面时，应尽可能延后安装镶嵌板，并在镶嵌板的顶部与底部设置通风孔，这样残留的潮气就能任意地通风排出，而非滞留在镶嵌板内。

敏感的表面涂层保护

或许有时也可见到在墙面铺设保护敏感表面涂层的材料，像是某种壁纸，以避免受到残存墙内的潮气侵害。我们一般会建议在使用潮湿敏感的表面涂层前，尽可能长时间作业以避免产生缺陷。如有必要可选择简易装修，或采用无乙烯基的乳胶漆。

无表面涂层

避免施作表面涂层的暴露建筑结构表面的逆向作法，将会在下章论述。

第 7 章

与潮湿共处

本书论述的主题，侧重在潮湿问题的防治。那些曾论述过的受损屋面或渗漏管道的缺陷，可清楚地透过症状理解问题的成因并进一步拟定维修对策。但有些状况，像吸附型潮湿或层间缝隙的冷凝结露，或许就无法这么容易地简单埋解，在某些时候"治疗"或许还比生病来得糟糕。

现代建筑环境所面临的问题

在第 1 章曾论述过，现在潮湿是建筑常面临的严重问题，问题的发生会伴随着建筑的设计内涵与实践方式而有所改变，因此建造"干燥的建筑"是重要的，如此可创造出更多优质的公众健康环境。

商业的利益

就像在许多领域一般，建筑的防潮技术会受到商业利益与市场营销的影响而产生改变。防潮治理的行业发展当然也就顺势受到影响，这行业在过去的外表是依靠着代客诊断与销售量测仪表等方式，计经济效益维持并成长，然而背后则由迎合地方政府所需的"保证防潮"要求，借助银行抵押贷款来舒缓生存的压力。

态度的改变

过去 20 年以来，防潮治理的技术发展已渐蓬勃且多样化，其中大多数皆受到维护作

业应与环境共生的思维影响。由于重视这课题可提高建筑价值，因而使得落实与潮湿共处的概念和经济投入的关系不一致构成矛盾。随着所存在的潮湿建筑数量日减，"与潮湿共处"的生活技巧普及认识，对于多数人而言就似乎逐渐显得多余。

环境保护的利益关系

最近这几年，"生态边缘化（eco-fringe）"的概念已经推广成为主流，随着全球暖化的问题产生，这概念似乎也浮现出而影响公众与商业环境的构成意识。当建筑在进行设计与施工的建造时，引入这个概念所产生的效益可从减少能源消耗转变到减少二氧化碳排放，特别是针对石化燃料的消耗。此外，伴随着发展成长的商业产品是"绿色环保"营建材料与表面涂料，这种趋势已经随着在对建筑进行维护时传统材料的使用量增加而增长。这两种最新的"绿色环保"与传统材料议题，对于积极推广的"与潮湿共处"理念具有极重要的价值。

正如前言所述，潮湿对于我们而言是一种天然的状态，过于干燥是不利的，就是这个原因导致为什么有许多人爱在室内种植物、养鱼或在暖气片上加装加湿器让采暖建筑物"增加潮湿"，以及为何美容业会如此景气，连护肤霜都卖得供不应求。这也就是为何我们在已经除去过量天然潮湿的暖房，

仍需要利用增湿来维持舒适的主要理由。

当在现代建筑构造中放弃使用已成功的控湿技术时，可调控的增湿方法似乎也是较佳的选择。消耗资源、金钱与仅产生局部效果的技术构思，对于建筑防潮只会产生副作用，我们应当选择均衡的做法，这样才可节约成本。

建筑的构造纹理：症状如同问题

为了解决而产生的问题

所有的管道设备渗漏与多数存在的渗漏型潮湿是不可忽视的缺陷症状，不论水坑是从屋顶渗漏或裂损管道所产生，还是从何而来，维修均要进行，幸运的是这些问题均容易克服。

由选择的途径来解决

潮湿水痕、涂料剥落与裸露的潮湿胶泥，是不健康、应当治理的饰面材料反映至墙面的现象，产生的问题为严重的潮湿危害。

墙面涂刷乳胶漆，与石膏胶泥打底的砌体墙潮湿症状，与我们拿水罐浇灌盆栽植物的情况并无差别。因此在进行石灰勾缝与未涂装的墙面处理时，可减少涂料和胶泥的使用而制成"可呼吸面墙"，这墙能适当地释出吸附型潮湿。假如砌体墙的质量无法达到可裸露展示的程度时，这墙就仅涂白粉或抹石灰、生土胶泥等不影响墙面渗透的材料。

在传统的墙体与楼板内存在着严重的吸附型潮湿，潮湿在蒸发的过程中会析出盐分并聚在构造表面形成结晶。在发生盐析问题很严重的环境，即使地表水位面不高，具吸湿特性的盐分仍会吸收周围环境的潮气，除非将构造拆除重建来改善而别无他法。对于传统的砌体构造做法，若能妥善清洁并以石灰砂浆填缝，则能让墙面再现色泽与质感而

图149　因潮湿而剥落的涂料与裸露的胶泥

产生特殊的吸引力，倘若必要则可去除表面尘埃，并涂布具有透气特性的透明或有色表面涂料来进行封护。

潮湿问题的均衡调节

在面对全面维修的作业时，潮湿问题的均衡调节手段为：可采用地面排水沟来降低地下水位高度，可在构造内装设新式防潮薄膜以减缓吸附型潮湿负荷，以及可在楼板面上铺设能自由排水的碎石或轻质膨胀粘土骨料（LECA），就像是黏土版本不加巧克力的麦丽素，这种做法可使得楼板具有更佳的隔热特性与水蒸气透气性。

需设导流型防水材的严重状况

有些部位的潮气压力很大，采用均衡性

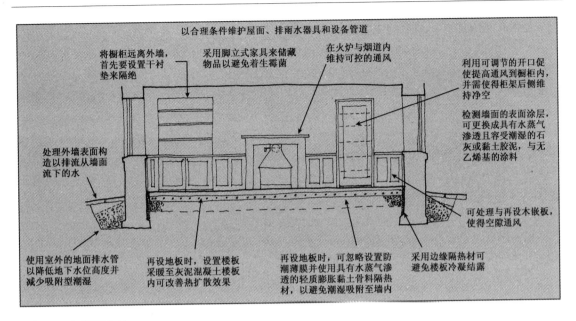

以合理条件维护屋面、排雨水器具和设备管道

将橱柜远离外墙，首先要设置干衬垫来隔绝

采用脚立式家具来储藏物品以避免生霉菌

在火炉与烟道内维持可控的通风

利用可调节的开口促使提高通风到橱柜内，并需使得柜架后侧维持净空

检测墙面的表面涂层，可更换成具有水蒸气渗透且容受潮湿的石灰或黏土胶泥，与无乙烯基的涂料

处理外墙表面构造以排流从墙面流下的水

使用室外的地面排水管以降低地下水位高度并减少吸附型潮湿

再设地板时，设置楼板采暖至灰泥混凝土楼板内可改善热扩散效果

再设地板时，可忽略设置防潮薄膜并使用具有水蒸气渗透的轻质膨胀黏土骨料隔热材，以避免潮湿吸附至墙内

可处理与再设木嵌板，使得空隙通风

采用边缘隔热材可避免楼板冷凝结露

图 150　与潮湿共处

渗透方式难以满足。在这种情况下，设置类似"巧克力盒内衬"构造的帕拉顿导流型防水构材，可能是较合适的构造设置与细部处理做法，它能容许自由排水和空气流通。

设备布局与使用模式

前面所论述的内容均是关于建筑构造的设置，然而还有许多明智的与潮湿共处的观点，即关于设备布局与使用模式。

采暖与通风设备

在传统建筑中可接受并成功与潮湿共处的住居状况，为有效且均衡地设置采暖与通风设备。设置大型烟道燃煤的辐射采暖方式，在现今我们所面对的二氧化碳负担沉重的生态环境下，是不道德且不现实的。安装在地板下低温并均匀扩散的辐射采暖系统，对于持续存在的建筑潮湿问题的克服，是较理想的选择。空气的适当调配是潮湿控制能否达到成功的关键，除了能缓解潮湿症状，

也能提高墙面内表面温度让冷凝结露的风险降至最低。

在采暖季节外的时间，通风则成为相当重要的议题。事实上，主要的房间均可由门窗、烟道、通风口与日常活动来维持充足的通风，较麻烦的部位为无窗的储藏间与橱柜，尤其是当它完全装满的时候。均匀地设置通风橱柜门在底部与顶部是简易的做法，或假如整个储柜被密实地堆放"货物"时，在橱柜顶打孔通风也是唯一能产生效果的措施。

储藏管理

利用像是烘衣柜般的板条搁架或在橱柜的背面打孔，均能产生明显的改善效果。对于采用垂直金属横条（或木压条）托撑搁架的实用储藏灵活做法，则可产生搁架脱离墙面的效益，并让空气在搁架背侧形成流动。此外，采用篮或盒装承货堆积在搁架的储藏布置方式，也可维持较佳的空气流通。

橱柜与储藏空间紧贴外墙最为糟糕，由

于外墙很容易渗漏潮湿而使得室内产生冷凝结露。假如没有另外合适的地点可供选择，则干燥与隔绝这些特殊的外墙是必要的，如此可降低局部产生冷凝结露的风险。

过去我们的祖先较少拥有会占据空间的私人物品，并有使用立腿支撑家具的习惯，如箱匣、橱柜、抽屉与大衣柜等，这些家具可良好地与地板产生分离，使得可与潮湿建筑形成隔离。但显然，"预组式厨房"与"内嵌式衣柜"就与这观点恰好相反，它们需要完全密闭与墙间的缝隙，因而常会紧贴着冰冷潮湿的外墙。

设有夹层的卧室具有明显的优势，可让衣物、床上织物等适当安全地与吸附潮湿的构造面产生隔离。

结语

最后，除了所面临的水灾、漏泄、冷凝结露的危机问题必须得治理外，对于一般潮湿问题屋主的态度就可因人而异。对于那些居住在传统建筑内享受过传统日子的人，面对潮湿的状态与所产生的环境病症仅是日常生活中的一面，这问题就如同天气变化般，多数状况均能幸运地得到有效控制。

那些所谓简易的惯例做法，往往可避免或缓解麻烦的潮湿症状。至于涂装材料所面对的问题，可能就需要较费心地维护才能克服。此外，复杂的现代防潮技术仅在重要的环境才有实施的需求，但未必是必要的。

潮湿所产生的初始观感往往是令人不愉悦的，然而需要有效的诊断与实施治理策略才能奇迹般地克服问题。本书的目的是期待已经具备基础知识的读者，在阅读完本书后能够全面地认识众多可行的潮湿问题解决方法，如此就能自我判断问题的成因，并提出未来所需的专业建议，选择适当合理的治理手段。

推荐阅读材料

Brunskill, R.W. *Illustrated Handbook of Vernacular Architecture* (Faber and Faber, 1971)
Melville, Ian A. and Gordon, Ian A. *The Repair and Maintenance of Houses* (Estates Gazette, 1973)
Powys, A.R. *Repair of Ancient Buildings* (SPAB, 1995)
Thomas, A.R., Williams, G. and Ashurst N. *The Control of Damp in Old Buildings* (SPAB, Technical Pamphlet, 1992)
Trotman, P., Sanders, C. and Harrison, H. *Understanding Dampness* (BRE Press, 2004)

英国建筑研究所文摘（DG）与优良维修指南（GR）：

GR5 Diagnosing the Causes of Dampness（Jan. 1997） 诊断潮湿问题的成因
GR6 Treating Rising Damp in Houses（Feb. 1997） 治理建筑的吸附型潮湿
GR7 Treating Condensation in Houses（Mar. 1997） 治理建筑的冷凝结露
GR8 Treating Rain Penetration in Houses（Apr. 1997） 治理建筑的雨水渗漏
GR23 Treating Dampness in Basements（Mar. 1999） 治理建筑的地下室潮湿
GR30 Remedying Condensation in Domestic Pitched Tiled Roofs（May. 2001） 治理坡屋面的冷凝结露
GR33/1 Assessing Moisture in Building Materials Part 1：Sources of Moisture（Sep. 2002） 评价建筑材料中的潮湿 第1部分：潮湿来源
GR33/2 Part 2：Measuring Moisture Content（Oct. 2002） 第2部分：量测含水量
GR33/3 Part 3：Interpreting Moisture Data（Nov. 2002） 第3部分：解释潮湿的数据
DG163 Drying-out Buildings（Mar. 1974） 干燥建筑
DG180 Condensation in Roofs（1986） 屋顶的冷凝结露
DG245 Rising Damp in Walls：Diagnosis and Treatment（1986） 墙内的吸附型潮湿：诊断与处理
DG297 Surface Condensation and Mould Growth in Traditionally Built Dwellings（1990）传统住宅的构造面冷凝结露与霉菌成长
DG369 Interstitial Condensation and Fabric Degradation（Feb. 1992） 构造层间结露与织物降解
DG380 Damp-Proof Courses（Mar. 1993） 防潮层

专业术语

Batts, insulation 毛毡垫，隔热材 为半刚性楼板隔热材，可适用设置在建筑构造的砌体、木料等空腔墙内。

Breathing construction 可呼吸构造 设计与建造成可利于空气与水蒸气流通和控制的构造。

Cavity bridges 空腔的"桥接"现象 由墙内空腔层内的材料残渣碎片所导致，可潜藏促使潮湿水分渗出墙内外。

Cavity tray 空腔泄水板为一种倾斜设置的水蒸气抑制膜构造，设在空腔层底部以协助墙内潮湿水分排出墙外。

Cavity wall 空腔墙为一种三明治式墙构造，在内层墙与外层墙间设置空腔，可抵挡潮湿水分的流通通路。

Chase 嵌槽 在砌体构造中设置凹切口，可利于防雨挡水板装设。

Clay lump 黏土团块 未烧结成的黏土"料团结块"，夹杂在砌块或构造内。

Cob 夯土墙 就地取材的黏土墙构造，砌构时无设模板直接砌筑。

Cold roof 冷屋面 由于没有设置水蒸气抑制膜与屋面顶通风，且隔热构造脱开屋面结构，而导致屋面冰冷甚至结露。

Condensation 冷凝现象 当水蒸气接触到冷表面时，造成潮气凝结成水珠的现象。

Construction moisture 构造潮湿

水分 水分源自湿式构造的建造作业，比如：浇灌混凝土、砌筑砌体、胶粘膏泥与设置装饰材。

Copings 墙盖顶 保护墙顶的细部构造。

Counter-battens 屋面油毡压条 以薄条板沿着椽子钉设固定衬垫，不阻碍排水与通风。

DPC 防潮层 设在墙体构造内的防水层。

DPM 防潮隔膜 设在楼板构造内的防水层。

Drylining 干衬壁 条板状的内部垫层，通常以板条与胶粘材料粘结支固。

Electro-osmotic DPC 电气渗透式防潮层 为导引电荷至材料内以抑制毛细作用的防潮方法。

Fines 细骨料 使用在混凝土或砂浆内的细粒骨料。

Flashings 技水板 通常设置在屋顶，为柔软、具防水特性的条状板材，可用来连接各板材的连系，也可导排潮湿水分。

Flaunching 烟囱顶突缘角 以砂浆涂层处理，围绕涂布在烟道顶管的构造处理。

Floating floor 浮式楼板 未固定的楼层板做法，通常以榫槽接合胶粘或嵌夹粘结，设置在水蒸气抑制膜与隔热层上。

Gradient of permeability 渗透力梯度 为构造材料内部渗透力分布的特性。

Hairline cracking 毛丝裂纹 如同毛发般细微宽度的裂缝。

Heads, window/door 楣，窗/门 横跨在墙开口上侧的楣梁。

Hip (roof) 脊线（屋顶） 相邻坡屋面相交处的外凸边角交线。

Interstitial (condensation) 构造层间（冷凝结露）发生在构造层间内的结露现象。

Jambs 边框 垂直开口边角的框架构造，比如：设在门或窗边侧的构造保护构件。

Land drain 地面排水 以管壁开孔的排水管铺设在地下，用于收集或处理地面的排水。

Masonry 砌体构造 砖石、块体叠砌的构造。

Mortar droppings 砂浆滴渍 在砌筑空腔墙时，因不经意地滴落砂浆残渣，使得砂浆在墙基处聚集成团块或条带状堆渍，形成潮湿的"桥接"。

Mortar fillets 砂浆抹角 为三角形断面边角的砂浆施工做法，以连接邻接的表面，通常用在屋面连接墙面、烟囱等处。

Newtonite lath 纽托奈—拉舍板 垂直波纹状的沥青纤维薄板，设在潮湿墙内以隔绝石膏灰泥层，在此板后需留设空气间层。

Nibs 突边 瓦片背侧的突状物，可用它来挂钩条板。

Parging (also torching) 屋面抹灰（常称为瓦肩嵌灰）现场拌合材料（石灰、砂浆、黏土、麻丝、稻秸秆等）的施工做法，铺设在屋面陶瓦或石板瓦片底部，以防止漏风与雨雪渗漏。

Passive stack 被动式拔风效应 没有运用机械驱动力而产生拔风的效应。

Penetrating damp 渗漏型潮湿 构造在受到风压力或重力作用而产生雨雪渗漏的潮湿类型。

Perpend 穿墙石 设在邻接砖石间的垂直缝隙系接石材。

Platon membrane 帕拉顿薄膜 为一种半刚性的塑料引流防水膜，它能防止材料孔洞形成不良水压力作用。

Pointing 勾缝 以砂浆充填砌体构造接缝的表层缝隙处理做法。

Rainscreen cladding 挡雨板 设在衬垫层外侧，可有效阻止风雨侵扰的遮挡板。

Rainwater goods 排雨水器具 天沟与雨水管。

Rammed earth 夯土版筑墙 以半干燥的土壤夯实在模板间的构造墙做法。

Reveals 开口边侧 为墙开口的侧边范围，比如：从墙面到窗面的深度范围。

Rising damp 吸附型潮湿 地面的潮气通过毛细作用吸附至多孔性构造材料的潮湿类型。

Rodding 管道疏通 使用管道疏通软杆来清理排水管道内堵塞物的做法。

Salts 盐分 为潮气蒸发后聚积遗留在构造面上的矿物结晶，它具有吸湿性会吸收大气中的湿气。

Sarking 衬垫 铺贴在覆瓦下具有抵抗天候变化能力的防水层。

Screeding 抹平涂层 通常采用砂混合水泥或石灰的构造面底涂层，它可使得粗糙的构造表面变得平滑，为构造完工前的表饰作业。

Sheathing 屋面板 铺盖在油毡压条或板条下椽子上的板材，可维持合理的结构、耐候与隔热效能。

Tanking 防水层 建筑防水衬垫，可阻止潮气无法进入。

Thermal mass 蓄热体 一种密实可吸热蓄热的构造，采用砌体、混凝土等材料制作，它可借由吸收与释出间歇性热得来稳定材料内部温度。

Trickle vent 微流通风器 最小的被动式通风器具，通常可结合设在窗户上。

Underpinning 基础托脚 建筑墙体基底部的结构支撑，通常设在短向。

Upside-down roof 倒置屋面 隔热材设在屋面防水薄膜层与结构层外的构造做法，可避免在无通风状况下所产生的冷凝结露与保护防水薄膜。

Valley（roof） 天沟（屋顶） 相邻坡屋顶相交处的内凹边角交线，常设排水沟。

Vapour barrier 水蒸气隔绝层 设在构造内的隔层，完全气密阻止水蒸气流通。

Vapour check 水蒸气抑制膜 设在构造内的隔层，仅部分阻挡水蒸气流通。

Wall ties 系墙铁 设在空腔墙构造内，为内外面墙的结构连杆或系板。

Warm roof 暖屋面 在屋面结构内设置隔热层可维护温暖，以避免在无通风状况下结露。

Water-table 地下水位 为地下土壤蓄水的水分高程，常会随着季节变化而产生改变。

Weepholes 泄水孔 设在空腔泄水板边可利于墙体空腔排水的泄水孔洞。

英汉词汇对照

additives, salt-inhibiting 添加剂,盐分抑制

appliances 装置

asphalt 沥青

BRE 英国建筑研究所

breathing construction 可呼吸构造

British standards 英国国家标准

built-up roofing 叠合式屋面

BWPDA 英国木材防腐与防潮委员会

capillary action 毛细作用

cavity insulation 空腔隔热层

cavity ties 空腔系铁

cavity trays 空腔泄水板

cavity wall DPCs 空腔墙防潮层

cavity walls 空腔墙

cement renders, strong 水泥打底抹灰,坚硬的

ceramic pots 陶瓷罐

cesspits 污水坑

chimneys 烟道

cisterns 蓄水池

cladding, board types 覆层,板类型

clay lump 黏土团块

cob 夯土构筑

comfort 舒适性

concrete slabs 混凝土楼板

condensation 冷凝结露

condensation tolerance 冷凝容受力

condensation, chimney 冷凝结露,烟道

condensation, cold bridges 冷凝结露,冷桥

condensation, cold roofs 冷凝结露,冷屋顶

condensation, cold surfaces 冷凝结露,冷表面

condensation, diagnosis and symptoms 冷凝结露,诊断与病症

condensation, fault-finding 冷凝结露,失效问题的探寻

condensation, flat roofs 冷凝结露,平屋面

condensation, floors 冷凝结露,楼板

condensation, history 冷凝结露,历史

condensation, improvements 冷凝结露,改善措施

condensation, innocent 冷凝结露,无害的

condensation, interior 冷凝结露,室内

condensation, interstitial 冷凝结露,构造层间缝隙

condensation, pitched roofing 冷凝结露,坡屋面

condensation, reducing vapour 冷凝结露,减少水蒸气

condensation, remedial measures 冷凝结露,治理措施

condensation, roof sarking 冷凝结露,屋面衬垫

condensation, roofspace ventilation 冷凝结露,屋面通风

condensation, summer 冷凝结露,夏季

condensation, surface effects 冷凝结露,表面效果

condensation, upside down roofs 冷凝结露,倒置屋面

condensation, vapour check 冷凝结露,水蒸气抑制膜

condensation, vapour sources 冷凝结露,水蒸气源

condensation, venting vapour 冷凝结露,通风去湿

condensation, wall claddings 冷凝结露,墙覆面

condensation, warm roofs 冷凝结露,暖屋面

condensation: remedials summar 冷凝结露:治理总结

construction alterations 构造变更

construction moisture 构造潮湿水分

copings 墙盖顶

counter battens 油毡衬垫压条

damp proof course 防潮层

damp proof membranes 防潮薄膜

damp walls, solid masonry 潮湿墙体,坚实的砌体构造

damp, acceptable 潮湿,可接受的

damp, alternative solutions 潮湿,解决方案

damp, attitudes to 潮湿,态度

damp, balanced approach 潮湿,均衡方式

damp, commercial interests 潮湿,商业利益

damp, environmental concerns 潮湿,环境关注

damp, heating and ventilation 潮湿,加热与通风

damp, layouts and lifestyles 潮湿,设备布局与生活方式

damp, penetrating 潮湿,渗漏型

damp, penetrating roofs 潮湿,渗漏屋面

damp, penetrating walls 潮湿,渗漏墙体

damp, rising 潮湿,吸附型

144

damp,storage management 潮湿，存储管理

definitions 定义

derelict houses 危房

dewpoint diagram 露点图

diagnosis 诊断

dormers 老虎窗

Doulton tubes 道尔顿管

DPC anodes 防潮层的阳极

DPC failure 防潮层失效

DPC fluids 防潮层的液体药剂

DPC guarantees 防潮层保证

DPC injection holes 防潮层灌注孔

DPC tanking 防潮层防水

DPCs alteration 防潮层间改动

DPCs,absent 防潮层间,缺乏漠视的

DPCs,agreement certificate 防潮层间,认可证明

DPCs,bridging 防潮层间,桥接

DPCs,electrical 防潮层间,电气式

DPCs,evaporative 防潮层间,蒸发式

DPCs,injected 防潮层间,灌注入

DPCs,pastes and creams 防潮层间,糊膏与乳脂

DPCs,physical insertion 防潮层间,实质性插入

DPCs,remedial 防潮层间,治理的

DPCs,vertical 防潮层间,垂直的

DPM/DPC joints 防潮薄膜/防潮层的接连处

DPMs,bitumen,epoxy 防潮薄膜间,沥青,环氧树脂

DPMs,liquid 防潮薄膜间,液态

DPMs,polythene 防潮薄膜间,聚乙烯

draftstripping 防风条

drains 排水管

driving rain 暴雨

dry linings 干衬壁

dry rot 干腐菌

drying 干燥

emulsions 乳胶涂料

energy use 能源使用

evaporation 蒸发作用

exposure 暴露

finishes 涂层

flashband 泛水板

flashings 披水板

flooding 洪泛满溢

floor insulation 楼板隔热

floor ventilation 楼板通风

floors,damp proofing 楼板,防潮做法

floors,penetrating damp 楼板,渗透型潮湿

floors,tanking 楼板,防水层

furring up 龙骨垫条加固

garden walls 花园墙

glazing 玻璃窗

gradient of permeability 渗透力梯度

ground contact 地面接触

ground floors,solid 地坪楼板,实体的

ground levels,altered 地坪高度,变更的

ground moisture 地面潮湿水分

heating,underfloor 加热,楼板下侧

human factor 人为因素

humidification 增湿作用

humidity 湿度

hygroscopic salts 吸湿性盐

interstitial condensation 构造层间冷凝结露

laboratory analysis 实验室分析

land drains 地面排水

lath,newtonite 拉舍板,纽托奈

leaking services 破裂渗漏的设备

lime renders,plasters etc 石灰打底,灰泥涂层等

living with damp 居住环境的潮湿

masonry 砌体构造

meter testing 量器检测

moisture content 含湿量

mortar droppings 砂浆滴渍

moulds 霉菌

nail sickness 钉病

Narben tubes 纳本管

panelling,timber 镶嵌板,木料

plaster replacement 胶泥置换

plasterboard,insulated 石膏板,隔热的

plasters,gypsums 胶泥,石膏

platon membranes 帕拉顿薄膜

plumbing corrosion 管道腐蚀

plumbing 管道

pore structure 孔隙结构

porous construction 多孔隙构造

radiators and underfloor heating 散热器与加热地板

rainwater goods 排雨水器具

rammed earth 夯土版筑墙

remedying effects 治理的效果

render 打底

roof parging 屋面

roof pitches,typical minima 屋面坡度,典型最小值

roof repair,adhesive/foam 屋面维修,粘着材/泡沫材

roof sheathing 屋顶屋面板

roofing component failures 屋面构件缺陷失效

roofing,bedding mortar 屋面,打底层砂浆

roofing,dry fixing 屋面,干固

roofing,fillets and flashings 屋面,抹角与披水板

roofing,in-situ grp and roofkrete 屋面,就地的强化玻璃纤维塑料与钢丝网水泥

roofing,lead 屋面,铅板

roofing,metal 屋面,金属

roofing,sarkings 屋面,衬垫

roofing,system failures 屋面,系统失效

roofing,upside down 屋面,倒置

rooflights 采光屋顶

roofs,asphalt 屋顶,沥青

roofs,cold 屋顶,冷面

roofs,cpdm and pvc 屋顶,人造橡胶与聚氯乙烯

roofs,felt 屋顶,油毡

roofs,flat 屋顶,平的

roofs,shingles and shakes 屋顶,屋顶木盖板与木板瓦

roofs,single ply membranes 屋顶,单层膜

roofs,slated 屋顶,石板瓦的

roofs,thatched 屋顶,茅草的

145